www.spica-verlag.de

Susanne Kremeier

Der ungenutzte Vorteil

Wachstumschancen mit strategischen Partnern optimal nutzen

SPICA
VERLAG GMBH

www.spica-verlag.de

1. Auflage, 2024

Autorin: Susanne Kremeier
Für den Inhalt des Werkes zeichnet die Autorin selbst verantwortlich.

Aus Gründen der besseren Lesbarkeit wird auf die gleichzeitige Verwendung der Sprachformen männlich, weiblich und divers (m/w/d) verzichtet. Sämtliche Personenbezeichnungen gelten gleichermaßen für alle Geschlechter.

Gesamtherstellung: Spica Verlag GmbH

Printed in Europe
ISBN 978-3-98503-162-7

Vorwort

Willkommen zu "Der Ungenutzte Vorteil: Wachstumschancen mit strategischen Partnern optimal nutzen". Dieses Buch ist mehr als nur eine Lektüre; es ist eine Investition in die Zukunft Ihres Unternehmens.

In einer Welt, die sich unaufhörlich verändert, ist es von entscheidender Bedeutung, die Potenziale zu erkennen, die sich aus der Zusammenarbeit mit strategischen Partnern ergeben. Dieses Buch ist nicht nur ein Ratgeber, sondern eine Einladung, die oft übersehenen Chancen zu nutzen, die Wachstum und Erfolg versprechen.

Die Seiten dieses Buches bieten ein reichhaltiges Gemisch aus Theorie, Beispielen und Praxis-Gesprächen, die alle Aspekte der strategischen Partnerschaften umfassend beleuchten.

Die Welt der Unternehmensführung ist geprägt von Herausforderungen und Chancen. In unserer schnelllebigen Zeit bedeutet Stillstand Rückschritt, und genau hier setzt "Der Ungenutzte Vorteil" an. Es zeigt auf, wie Unternehmen durch die Zusammenarbeit mit strategischen Partnern ihre Wachstumsmöglichkeiten maximieren können.

Ohne eine klare Strategie ist jedes Unternehmen zum Scheitern verurteilt. Hier erfahren Sie, wie Sie Ihre strategischen Ziele definieren und sicherstellen, dass Sie diese auch erreichen.

Die Lebenszyklen von Unternehmen sind vielfältig. Sie werden Einsichten erhalten, wie Sie diese Zyklen erkennen und nutzen können, um Ihr Unternehmen widerstandsfähiger und erfolgreicher zu machen.

Veränderungen erfordern Mut und Anpassung. Entdecken Sie, warum es entscheidend ist, alte Strategien zu überdenken und sich neuen Wegen zu öffnen.

Sie werden sehen, warum "Just do it!" nicht ausreicht, wenn es um die erfolgreiche Integration von Partnerschaften geht, und wie nachhaltiges Einbetten der Schlüssel zum Erfolg ist.

Die Herausforderungen eines Start-Ups sind einzigartig. Finden Sie heraus, wie Sie erfolgreich vom Start-Up zum Scale-Up werden, ohne dabei Ihre Stärken zu vernachlässigen.

Die Rolle des Gründers ändert sich mit dem Wachstum des Unternehmens. Entdecken Sie, warum nicht jeder Gründer zwangsläufig CEO werden muss, und wie die richtige Aufgabenverteilung erfolgskritisch ist.

Ein geniales Produkt allein reicht nicht aus. Lernen Sie, warum die richtige Unternehmensstruktur der Schlüssel zum Überleben und Wachsen von Start-Ups ist.

Die Erweiterung in neue Geschäftsbereiche birgt Chancen und Risiken. Erfahren Sie, wie Sie die richtigen Entscheidungen treffen und die Struktur Ihres Unternehmens anpassen, um erfolgreich zu wachsen.

Die Wahl der richtigen Organisationsstruktur entscheidet über Erfolg oder Misserfolg. Entdecken Sie, wie Sie die Beziehungen innerhalb Ihres Unternehmens gestalten, um langfristiges Wachstum zu ermöglichen.

Neue Geschäftsbereiche eröffnen neue Perspektiven, aber auch Herausforderungen. Lernen Sie, wie Sie das Zusammenleben in Ihrem erweiterten Unternehmen gestalten und langfristig erfolgreich machen.

Erfahren Sie, warum die richtige Struktur in fusionierten Unternehmen entscheidend ist und wie Sie verhindern, dass aus einer Traumhochzeit eine Horror-Ehe wird.

Die richtige Organisationskultur ist entscheidend für den Erfolg einer Fusion. Entdecken Sie, wie Sie eine Kultur schaffen, die die Stärken beider Unternehmen vereint.

Erfahren Sie, warum die Unternehmenskultur der Schlüssel zur erfolgreichen Skalierung oder Komplementierung von Geschäftsaktivitäten ist und wie Sie diese gezielt gestalten.

Schließlich bietet dieses Buch einen Ausblick auf moderne Beratungsansätze und gibt Ihnen konkrete Handlungsempfehlungen für die Umsetzung in Ihrem Unternehmen. Nutzen Sie den ungenutzten Vorteil, der in der strategischen Partnerschaft liegt, und lassen Sie Ihr Unternehmen aufblühen.

Dieses Buch ist ein Wegweiser für alle, die den ungenutzten Vorteil in ihrem Unternehmen entdecken und optimal nutzen möchten. Tauchen Sie ein in die Welt der strategischen Partnerschaften mit Boutique-Beratungen und gestalten Sie aktiv die Zukunft Ihres Unternehmens.

Kathrin Kolloch
Verlegerin

Grußwort

Willkommen lieber Leser!

Sie sind ein erfolgreicher Unternehmer. Ihnen liegt daran, dass Ihr Unternehmen weiterhin wächst, blüht und gedeiht. Sie sind daran interessiert, das Beste aus Ihrem Unternehmen herauszuholen. Und dabei auch ungenutzte Vorteile zu nutzen.

Kennen Sie Einsteins Definition von Wahnsinn?

„Die Definition von Wahnsinn ist, immer wieder das Gleiche zu tun und dabei andere Ergebnisse zu erwarten"

Albert Einstein

Bild 1.

Wenn wir das jetzt auf Sie und Ihr Unternehmen übertragen, was heißt das? Es würde bedeuten, dass Sie zwar eine strategische Veränderung anstreben, aber nichts an Ihrem Verhalten, den Abläufen und Prozessen ändern.

Einsteins Weisheit wurde im Buch ‚Was Sie hierhergebracht hat, wird Sie nicht weiterbringen' (Im Original: ‚what got you here won't get you there', Hachette Books, ISBN 978-1401301309, 2007) von Marshall Goldsmith für Unternehmer interpretiert. Die Quintessenz des Buches ist, dass die Verhaltensweisen und Gewohnheiten, die zu einem gewissen Erfolg geführt haben, nicht zwangsläufig zu weiterem führen. Um sich weiterzuentwickeln und erfolgreich zu bleiben, ist es notwendig, alte Gewohnheiten zu überdenken und sich neuen Herausforderungen zu stellen.

Wer also eine Veränderung anstrebt, muss sich auch verändern.

Unternehmen und Unternehmer sind ständig in Bewegung. Nicht erst, seitdem wir uns in der VUKA-Welt befinden, wird von uns permanente Anpassung gefordert. **VUKA** beschreibt die heutige komplexe und unvorhersehbare Geschäftsumgebung und steht für Volatilität, Unsicherheit, Komplexität, Ambiguität. In einer VUKA-Welt müssen Organisationen flexibel, anpassungsfähig und agil sein, um erfolgreich zu bleiben. Es erfordert auch die Fähigkeit, sich schnell an neue Situationen anzupassen und kreative Lösungen für komplexe Probleme zu finden.

Vielleicht sind Sie auch bereits bei der Weiterentwicklung von VUCA angelangt: **BANI**. Wiederum ein 4-Buchstaben-Akronym, das für Brittle, Anxious, Non-linear, Incomprehensible steht. Also zerbrechlich, ängstlich, nicht-linear, unverständlich. Was uns das wohl sagen will: Die Zukunft ist mehr denn je unsicher und nicht planbar. Es gilt sich ständig anzupassen und allen Gegenwinden resilient zu trotzen. Unter Resilienz versteht man die Fähigkeit, mit widrigen Umständen konstruktiv umzugehen.

Stillstand bedeutet Rückschritt. Wem dieser kluge Spruch zugeordnet werden kann, da scheiden sich die Geister. Dass er zutrifft, haben wir mittlerweile verstanden.

Also ist die Wahrscheinlichkeit groß, dass Sie sich als Unternehmer gerade Gedanken darüber machen, was Sie in Ihrem Unternehmen anders machen können, um weiterhin gewinnbringend und erfolgreich zu bleiben.

Verändern kann man vieles. Man kann wachsen, sich konzentrieren und dabei verkleinern, oder man kann aufhören und etwas ganz anderes machen. Hier möchten wir uns auf das Wachstums-Szenario konzentrieren.

Vielleicht trifft eine dieser drei Situationen auf Sie zu:

- Sie sind als Start-up gewachsen und dabei zu skalieren.
- Sie haben einen neuen Geschäftsbereich eröffnet oder planen dies in naher Zukunft.
- Sie sind fusioniert oder planen dies in der Zukunft.

Das sind 3 sehr besondere Situationen, wo es sicher einleuchtet, dass diese Transformationen mit vielen Veränderungen einhergehen.

Es kann aber auch sein, dass Sie noch nicht wissen, wie Sie Ihr Wachstum gewährleisten sollen. Sie ahnen vielleicht, dass Sie sich verändern sollten. Wie und wo, ist Ihnen noch nicht ganz klar. Aber etwas muss anders werden.

Herzlichen Glückwunsch, die erste Brücke haben Sie erfolgreich überquert!

Nun geht es darum sich zu überlegen, wie man diese Gedanken sinnvoll weiterspinnt. Ein Sparring-Partner muss her. Hier kommt die zweite Brücke: Sie suchen nach Unterstützung. Wenn Sie denken, dass Sie diese Phase Ihres Unternehmens allein oder nur mit Unterstützung Ihrer bisherigen Partner durchlaufen können, ohne zusätzliche externe Inspiration – dann ist dieses Buch für Sie geschrieben. Ich möchte Ihnen auf den nächsten Seiten nahebringen, welchen Nutzen Sie aus externer Inspiration ziehen können. Wenn Sie jedoch bereits jetzt sagen: Ich hole mir einen externen Berater!, so finden Sie meine Kontakt-Daten auf der Seite 129.

Sie merken: Ich bin ein sehr ehrlicher und offener Mensch – Ein CEO, den ich einmal beraten habe, nannte mich das Kind aus dem Märchen ‚des Kaisers neue Kleider', weil ich ihm immer unverblümt die Wahrheit gesagt habe. Das hat er immens geschätzt, und es hat ihn sehr erfolgreich sein und bleiben lassen. Ich lade Sie hiermit ein, das Buch zu lesen, denn auch Sie werden in diesem Buch viele neue Ideen, Inspirationen, Denkanstöße und Handlungsempfehlungen finden, wie Sie den ungenutzten Vorteil in Ihrem Unternehmen nutzen können.

Was gibt es sonst noch zu mir zu sagen? Ich habe Betriebswirtschaft in Aachen und Organisations-Psychologie in London studiert. Ich habe in 4 Ländern gelebt und in 25 verschiedenen Branchen gearbeitet. Ich bin zertifizierter Aufsichtsrat und hielt bereits eine Position als Geschäftsführer inne. Ich verstehe Sie und weiß, wovon ich rede. Ich bleibe Ihnen bei der Umsetzung erhalten, ich bin ebenfalls ausgebildeter Interim Manager. Und sollte es bei der Umsetzung mal harzen, also etwas nicht ganz reibungslos verlaufen oder es zu Verzögerungen kommen, weil vielleicht nicht alle Beteiligten voll und ganz überzeugt sind: Ich bin auch zertifizierter Coach und Mediator.

Zurück zu denen unter Ihnen, die meinen, Sie können die nächste Unternehmens-Transformation allein bewältigen. Ich werde Ihnen auf den folgenden Seiten darlegen, wieso es sowohl klug als auch sinnvoll ist, sich in dieser Phase professionell begleiten zu lassen. Und zwar von mir. Wenn Sie nach dem Lesen dieses Buches immer noch davon überzeugt sind, dass Sie das alles perfekt allein erledigen können, senden Sie mir bitte eine E-Mail, ich erstatte Ihnen dann gerne Ihre Investition in dieses Buch zurück. Sie sehen? Der Kauf dieses Buches rentiert sich für Sie auf jeden Fall!

Einleitung

Stellen Sie sich einen sonnigen Tag auf dem offenen Meer vor. Unser Unternehmer, nennen wir ihn Herr Schmidt, segelt mit seiner Familie auf seinem wunderschönen Boot. Der Himmel ist klar, die Segel prall gefüllt und das Wasser glitzert in der Sonne. Alles scheint perfekt.

Während Herr Schmidt auf dem Wasser gleitet, kreuzt sein Boot das eines anderen Unternehmers namens Frau Becker. Frau Becker ist eine erfahrene Seglerin und erfolgreiche Geschäftsfrau. Nach dem Rennen kommt es zu einem informellen Treffen der Segler, bei dem Frau Becker Herrn Schmidt anspricht.

Sie erkennt, dass Herr Schmidt, obwohl ein geschickter Segler, bestimmte Prinzipien auf dem Wasser übersehen hat. In einem lockeren Gespräch teilt sie ihre Sichtweise über die Parallelen zwischen erfolgreichem Segeln und effektivem Unternehmertum. Sie hebt die Bedeutung von strategischer Planung, klaren Zielsetzungen und Teamzusammenarbeit hervor – Prinzipien, die sie sowohl im Geschäft als auch beim Segeln erfolgreich angewendet hat.

Herr Schmidt ist überrascht von den Einsichten und erkennt, dass er nicht nur auf dem Wasser, sondern auch in seinem Unternehmen von diesen Grundsätzen profitieren könnte. Inspiriert durch Frau Beckers Rat beginnt er, unternehmerische Konzepte auf sein Team zu übertragen, und erlebt eine bemerkenswerte Verbesserung in der Effizienz und Zusammenarbeit.

Die Botschaft ist, so glaube ich, deutlich: Jeder noch so erfolgreiche Unternehmer profitiert davon, wenn jemand anderes, ebenfalls erfolgreich, seine Einsichten und Perspektiven mitteilt. Genau das machen wir nun: erst mit diesem Buch, dann so hoffe ich im persönlichen Gespräch.

Lassen Sie uns beginnen.

Das neue Buzz-Wort heißt ‚Skalieren'. Dieses Wort wird mittlerweile beinahe so inflationär benutzt wie Digitalisierung in der Wirtschaft, oder Hafermilch zum Cappuccino im täglichen Leben.

Doch was bedeutet das? Abgeleitet wird skalieren von dem lateinischen Wort ‚scalae', die Treppe. Also beschreibt Skalierung eine Größen- bzw. Höhenveränderung. Die kann nach oben und nach unten erfolgen.

In der Wirtschaft skalieren zum Beispiel Unternehmen. Das heißt in den meisten Fällen, dass sie expandieren, also wachsen. Es kann aber auch bedeuten, dass ‚nach unten skaliert‘ wird. Das heißt, dass man sich mehr fokussiert und Teile, die nicht mehr zu diesem Fokus gehören, aufgibt. Ein aktuelles Beispiel ist Siemens, das sich sogar so nennt: ein fokussiertes Technologie-Unternehmen in den Bereichen Industrie, Infrastruktur, Mobilität und Gesundheit. Olympus ist diesen Weg 2020 vorgegangen: Die Kamera- und Bildverarbeitungssparte wurden abgestoßen. Der Fokus liegt nun auf Medizintechnik. Und wir alle haben sicher noch die Abspaltung von Daimler Trucks in Erinnerung: Hier wurde nicht nach unten skaliert, sondern zweimal fokussiert. Auch das ist Skalieren.

In diesem Buch werden wir uns auf die Skalierung verbunden mit Wachstum konzentrieren. Allerdings sind viele der beschriebenen Denkanstöße und Handlungsempfehlungen auch für das Fokussieren geeignet.

Als Fachbegriff der Betriebswirtschaftslehre gibt es den Begriff Skalierung natürlich auch. Er bezieht sich darauf, wie gut ein Geschäftsmodell in der Lage ist, durch die Erweiterung seiner Kapazitäten eine höhere Effizienz und Profitabilität zu erzielen. Aha.

Wenn Sie jetzt stutzen, dann haben Sie das Inhaltsverzeichnis gelesen … Wie passt hier das Kapitel: neuer Geschäftsbereich zu? Da wird doch meist ein neues Geschäftsmodell realisiert? Das stimmt. Wir betrachten hier die Fähigkeit des Kern-Geschäftsmodells, neue Geschäftsmodelle andocken zu lassen. Wir zoomen somit quasi weiter hinaus. Mehr dazu im entsprechenden Kapitel.

Laut einer Studie vom Harvard Business Review von 2023 haben etwa 70–80 % der Unternehmen Schwierigkeiten beim Skalieren und erreichen ihre Wachstumsziele nicht (Artikel: The overlooked key to a successful scale-up, HBR January / February 2023). Meist liegen dem finanzielle Herausforderungen, Probleme bei der Anpassung der Geschäftsstruktur, mangelnde Ressourcen oder ungenügende Marktnachfrage zugrunde. Genau diese Elemente sind jedoch notwendig, um erfolgreich skalieren zu können: finanzielle und humane Ressourcen, ein stabiles Geschäftsmodell und natürlich ein Markt für die angebotene Leistung.

Wie kommt man denn eigentlich auf die Idee zu skalieren? Alles beginnt mit der Strategie, der Vision, dem ‚hehren Ziel‘, das man mit seinem Unternehmen verfolgt. Jeder gute Unternehmer weiß, warum er tut, was er tut, was genau er tut und wie er es tut. Er hat auf dem Schirm, dass er diese Strategie in regelmäßigen Abständen überprüfen muss, weil sich die Welt und die Menschen darin verändern.

So weit, so gut.

Hier beginnt sich schon die Spreu vom Weizen zu trennen.

Wie sieht das denn bei Ihnen aus? Wie genau schauen Sie auf die Welt? Wie reflektieren Sie über Ihre wirtschaftliche Entwicklung? Wie oft drehen Sie mal wieder jeden Stein um? Wie gehen Sie dabei vor? Haben Sie jemanden an Ihrer Seite, der einen neutralen Blick von außen mitbringt? Sind Sie eher wie IBM, Apple und Google? Die scannen den Markt ständig, um die für sie relevanten Elemente zu betrachten – haben die sich verändert, wenn ja, was bedeutet das für uns? IBM hat hier besonders das Auge auf den Kunden gerichtet, um sicherzustellen, dass sie hier immer die Nase vorn haben. Apple überlegt, wie durch unterschiedliche Designs Überraschungseffekte erzielt werden können, um auch zukünftig erfolgreich zu bleiben. Und Google untersucht, welche Technologie ihnen am besten zum nächsten Erfolg verhelfen kann. Diese Unternehmen erfinden sich ständig neu.

Oder sind Sie eher wie Kodak und Xerox, die lange mit Scheuklappen durch die Welt gegangen sind und deshalb den Schuss nicht gehört haben? Wie genau scannen Sie Trends, Technologien, soziale Entwicklungen, Politik? Haben Sie schon von PESTEL gehört? Das Akronym steht für political, economical, social, technological, ecological, legal (also politisch, wirtschaftlich, sozial, technologisch und ökologisch) und lädt ein, über alle diese Einflüsse nachzudenken. Befassen Sie sich mit Berichten über Trends und Megatrends, wie sie zum Beispiel das Zukunftsinstitut veröffentlicht? Was bedeuten die für Ihr Unternehmen? Haben Sie Augen und Ohren bei Patent-Instituten und anderen Vereinigungen wie zum Beispiel der Singularity University, die sich Gedanken über die Welt in 50 Jahren machen? Alles das gilt es zu überprüfen, ob es dem eigenen Unternehmen nutzen oder schaden kann. Und dann zu entscheiden, wie man damit umgeht und darauf reagiert.

Sie haben keine Zeit für derartige Betrachtungen? Das ist vollkommen in Ordnung. Sie müssen nicht alles selbst machen. Es gibt eine Berufsgruppe, die sich tagtäglich Gedanken dazu macht, welchen Einfluss all diese Entwicklungen auf die Wirtschaft und die Unternehmen haben: die Berater. Lehnen Sie sich entspannt zurück und holen sich einen Berater ins Haus. Ein guter Berater denkt ständig darüber nach, was welche neue Entwicklung für Ihr Unternehmen bedeuten könnte. Positiv wie negativ.

Die Beratungsphasen

Alles steht und fällt mit der Strategie

Lassen Sie uns den Strategie-Prozess mal im Detail betrachten.

Alles beginnt mit dem Warum – nicht erst seit Simon Sinek uns dies mit seinem ‚goldenen Zirkel' deutlich gemacht hat, (‚Start with Why: How Great Leaders Inspire Everyone to Take Action, Simon Sinek, 2011, Penguin Publishing Group, ISBN 978-1591846444) wissen wir, dass wir als Menschen von der Sinn-Frage geleitet werden. Schon Sokrates beschrieb den Wunsch des Menschen, ein guter Mensch zu sein, also einen Beitrag für die Gesellschaft zu leisten. Wir fragen uns also, warum wir tun, was wir tun. Die am häufigsten gestellte Frage eines Kindes ist – Warum?. Auch wenn wir, je älter wir werden, diese Frage immer weniger stellen – sie bleibt uns im Kopf. Es gibt zahlreiche Untersuchungen, die belegen, dass Mitarbeiter sich dem Sinn und Zweck, dem ‚hehren Ziel' eines Unternehmens verschreiben möchten, um ihre volle Arbeitskraft mit vollem Elan und hoher Motivation einbringen zu wollen. Vielleicht kennen Sie das sehr prägnante Video von RSA – Pink University, zum Thema ‚The surprising truth about what motivates us'
https://www.youtube.com/watch?v=u6XAPnuFjJc&t=31s&ab_channel=RSA (Stand: 20.11.23)
Da wird Interessantes gezeigt: Zum einen wird belegt, dass Geld nur bei absolut manuellen Tätigkeiten eine Steigerung der Leistung bringt. Sobald es auch nur rudimentär um mentale Tätigkeiten geht, wirkt Geld sogar kontra-produktiv, weil der Gedanke an das Geld die Fähigkeit, gut zu sein, richtiggehend blockiert. Das wird in verschiedenen Regionen dieser Welt überprüft und stimmt überall, egal wie reich oder arm das Land ist.

Oder aber das versprochene Geld aktiviert Gedanken, wie man die Belohnung am besten maximieren kann. Ich habe einmal von einem Autohaus gehört, das am 25sten eines Monats verkündete, alle Verkäufe des Folgemonats würden mit doppeltem Bonus belohnt. Was war die Konsequenz? Alle Verkäufe des laufenden Monats stoppten sofort und wurden in den Folgemonat verschoben. Geld ist also bei derartigen Tätigkeiten eher ein Mittel zum Zweck – nämlich des Erfüllens der eigenen Träume, wenn der Traum des Unternehmens nicht der eigene ist. Bemerkenswert, wenn wir uns überlegen, wie viele Inzentivierungssysteme pur monetär aufgebaut sind …

Die Frage nach dem Warum hat die Forscher herausfinden lassen, dass wir Menschen nach 3 Dingen streben: wir möchten 1) autonom sein, also eigenständig oder selbstständig handeln, 2) in zumindest einer Aktivität ein Meister sein, und 3) uns einem Sinn verschreiben. Wenn wir uns in diesem Sinn wiederfinden, sind wir bereit, uns hier sogar unentgeltlich einzubringen. Als gutes Beispiel wird Wikipedia angegeben, wo die Beiträger freiwillig und ohne Belohnung ihr Wissen preisgeben und dieses sogar bewachen.

Wenn es Ihnen so geht wir mir, sehen Sie nun die Kraft einer Vision, eines Purpose, eines ‚hehren Ziels' deutlich.

Es ist also in jeder Beziehung sinnvoll, sich über das ‚Warum ist es eine gute Idee, dass es diese Unternehmen gibt?' Gedanken zu machen. Viele Unternehmen haben hier sehr markige Geständnisse aufgestellt. Der Erfolg gibt ihnen Recht:

Der Großmeister des Purpose, der Erfinder des goldenen Zirkels,
https://www.youtube.com/watch?v=u4ZoJKF_VuA&t=4s&ab_channel=TEDxTalks,
Simon Sinek, beschreibt sein ‚Warum':

"We are here to inspire people to do the things that inspire them so that, together, each of us can change our world for the better."

https://simonsinek.com/our-why/ (Stand: 23.01.24)

‚Wir sind hier, um Menschen zu inspirieren, die Dinge zu tun, die sie inspirieren, so dass wir gemeinsam unsere Welt zum Besseren verändern können.'

Es geht also um nichts Geringeres, als die Welt zu verbessern. Auch bei Ihnen, lieber Leser.

So sieht das bei anderen Unternehmen aus:

Smith & Nephew ist ein Unternehmen der Medizin-Technik, das Prothesen und Materialien für Trauma-Patienten herstellt (die durch Unfälle komplizierte Knochenbrüche erlitten haben). Dabei hofft man darauf, bleibende Schäden zu vermeiden:

"Physical health is never just about our body. It's our mind, feelings and ambitions. When something holds it back, it's our whole life on hold.

We're here to change that, to use technology to take the limits off living, and help other medical professionals do the same.

So that farmworkers, rugby players, grandmas and their grandkids stare down fear, see that anything's possible, then go on stronger. Inspired by a simple promise. Two words that bring together all we do.

Life Unlimited."

https://www.smith-nephew.com/en/about-us/who-we-are#our-values (Stand: 20.11.23)

‚Bei der körperlichen Gesundheit geht es nie nur um unseren Körper. Es geht um unseren Geist, unsere Gefühle und unsere Ambitionen. Wenn etwas sie einschränkt, ist unser ganzes Leben auf Eis gelegt.

Wir sind hier, um das zu ändern, um die Technologie zu nutzen, um das Leben zu erleichtern, und um anderen medizinischen Fachkräften zu helfen, dasselbe zu tun.

Damit Landarbeiter, Rugbyspieler, Omas und ihre Enkel die Angst besiegen, sehen, dass alles möglich ist, und dann gestärkt weitermachen. Inspiriert von einem einfachen Versprechen. Zwei Worte, die alles, was wir tun, zusammenfassen.

Unbegrenztes Leben.‘

Bei Medizin und der entsprechenden Technologie ist der Nutzen für die Menschheit vielleicht eher offensichtlich. Aber auch bei anderen Branchen gibt es hehre Ziele, denen man sich verschreiben möchte:

Walmart übernimmt soziale Verantwortung:

“We aim to build a better world – helping people live better and renew the planet while building thriving, resilient communities. For us, this means working to create opportunity, build a more sustainable future, advance diversity, equity and inclusion and bring communities closer together. And at the end of the day, helping our customers save more of their hard earned money for the things they care about most. Because at Walmart, Live Better is what we do every day.“

https://corporate.walmart.com/purpose (Stand: 20.12.23)

‚Unser Ziel ist es, eine bessere Welt zu schaffen – den Menschen zu helfen, besser zu leben und den Planeten zu erneuern, während wir blühende, widerstandsfähige Gemeinschaften aufbauen. Für uns bedeutet dies, dass wir daran arbeiten, Chancen zu schaffen, eine nachhaltigere Zukunft aufzubauen, Vielfalt, Gleichberechtigung und Integration zu fördern und Gemeinschaften näher zusammenzubringen. Und am Ende des Tages helfen wir unseren Kunden, mehr von ihrem hart verdienten Geld für die Dinge zu sparen, die ihnen am wichtigsten sind. Denn bei Walmart ist besser leben das, was wir jeden Tag tun.‘

Es gibt auch Unternehmer, die Ihr Unternehmen nur führen, um Gutes zu tun. Viva con Agua ist so ein Beispiel. Sie verkaufen zwar Mineralwasser, empfehlen aber, Leitungswasser zu trinken … Ihre Vision:

“Viva con Agua ist eine sinnstiftende Gemeinschaft, die mit Freude die Welt positiv verändert. Ein dezentrales Netzwerk von Menschen und Organisationen, das sich für einen menschenwürdigen Zugang zu sauberem Trinkwasser und sanitärer Grundversorgung einsetzt.“

https://www.vivaconagua.org/vision/ (Stand: 02.01.24)

Egal, welchem Ziel Sie sich mit Ihrem Unternehmen verschreiben: Es lädt ein andere zu inspirieren und mitzumachen. Entweder als Kunde, als Lieferant, als Mitarbeiter, oder als sonstiger Unterstützer. Oder eben nicht – Ihre Entscheidung.

Wie sieht es denn bei Ihnen aus? Wie lautet Ihre Vision? Welt verbessern? Oder eher der Beste seines Fachs sein? Wie fühlt sich Ihr Purpose jetzt für Sie an? Inspirierend? Wie war das damals, als Sie sich entschieden haben, Ihr Unternehmen zu gründen, oder es zu übernehmen: Was hat Sie begeistert, angetrieben, motiviert? Welches Ziel hatten Sie vor Augen? Welche Rolle wollten Sie in der Welt spielen? Welches Vorbild wollten Sie Ihren Nachfahren sein?

Es gibt eine schöne Geschichte, in der ein Mann an einer Baustelle vorbeigeht, an der 3 Männer Steine aufeinanderschichten. Er fragt den ersten, was er tut. Der antwortet: „*Ich schichte Steine aufeinander.*" Der zweite antwortet: „*Ich errichte eine Mauer.*" Der dritte antwortet: „*Ich baue ein Heim für eine Familie.*" Wer wird hier mit der größten Sorgfalt und Leidenschaft arbeiten? Wer hat sich der Vision des Unternehmens verschrieben? Ich kenne eine Baufirma, deren Motto lautet: "*Wir stellen es uns vor – Sie leben es. Wir verwirklichen Wohnträume.*" Klingt doch anders als: Wir bauen die größten Häuser – finden Sie nicht?

Bild 2.

Wenn Sie heute Ihre Mitarbeiter fragen, können die sofort sagen, welchem Ziel sie sich verschrieben haben bei Ihnen? Warum sie morgens aufstehen, um mit vollster Begeisterung bei Ihnen ihren Beitrag zu leisten?

Jetzt sagen Sie sich vielleicht: Humbug, meine Mitarbeiter sollen arbeiten, nicht träumen. OK. Der berühmte ‚9 bis 5' Job funktionierte bei den früheren Generationen noch ganz gut. Man gab sich genug Mühe, um nicht abgemahnt zu werden, machte also Dienst nach Vorschrift.

Schauen wir uns mal alle Generationen an, die derzeit im Arbeitsmarkt tätig sind. Es gibt vereinzelt noch die Veteranen, die Wiederaufbauer nach dem Zweiten Weltkrieg. Dann gibt es die Baby Boomer (bis 1964 geboren) und die Generation X (bis 1979 geboren), die derzeit sicher den größten Anteil in der Arbeitswelt darstellen. Danach kommen die Generationen Y (auch Millenials genannt, bis 1994 geboren), Z (bis 2009 geboren) und Alpha (die derzeitige Generation: Geburt seit 2010), die die jungen Generationen darstellen, die jetzt in den Arbeitsmarkt gelangen bzw. dabei sind, ihre Karriere auf- und auszubauen. Diese Übersicht hier zeigt, wie stark sich diese Generationen unterscheiden. Besonders, wenn man auf die sozialen Einflussfaktoren schaut, erschließt sich vieles, was unterschiedlich ist. Die heutigen Generationen, ab Generation Y, wo das Ypsilon ja auch für das englische Wort „Why" (Warum) steht, wollen sich bewusst einem Ziel verschreiben. Wenn Sie also neue Mitarbeiter einstellen wollen oder müssen, sollten Sie sich auch den Bedürfnissen und Anforderungen dieser Generationen stellen.

Kategorie	Veteranen	Baby-Boomer	Generation X	Generation Y	Generation Z	Generation ∂

Beliebte Ausdrücke	Wir bevorzugen eine anständige Ausdrucksweise	Flippig Schwoofen Bombastisch	Anbaggern Oberaffengeil Abhängen	YOLO Merkeln ABF	Triggern Cringe Dissen	Smash Goofy Woke
Geboren	Vor 1946	1946-1964	1965-1979	1980-1994	1995-2009	Ab 2010
Beeindruckende Ereignisse	Zweiter Weltkrieg	Mond-Landung 1969	Börsen-Crash 1987	11. Sep 01	Globale Finanzkrise 2008	Trump/Brexit 2016
Auto-Ikonen	Fort T-Model 1927 	Ford Mustang T5 1964 	Opel Manta 1979 	Toyota Prius 2001 	Tesla Model S 2012 	Autonome Fahrzeuge 
Spielzeug-Ikonen	Roller-Skates 	Frisbee 	Rubiks Cube 	BMX Bike 	Klapp-Roller 	Fidget-Spinner (Handkreisel) 
Musik-Geräte	Plattenspieler 1948 	Kassetten-Rekorder 1962 	Walkman 1979 	iPod 2001 	Spotify 2008 	Smart Speakers 
Führungsstil	Kontrollierend 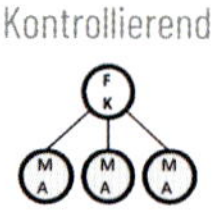	Direktiv 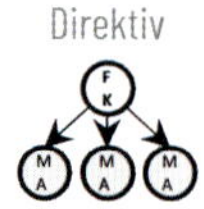	Koordinierend 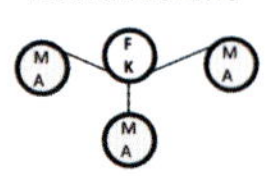	Anleitend 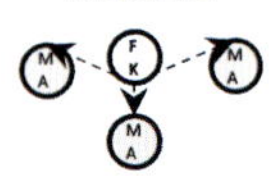	Ermächtigend 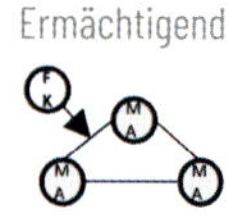	Inspirierend 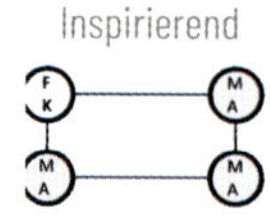
Ideale Führungskraft	Kommandeur	Denker	Macher	Unterstützer	Kollaborateur	Ko-Kreierer
Lern-Stil	Formal	Strukturiert	Partizipativ	Interaktiv	Multi-Modal	Virtuell
Referenz	Beamte	Experten	Praktiker	Kollegen	Foren	Chatbots
Werbung	Prospekte	Radio/TV Sendungen	Direktes Marketing	Online	Social Media	In situ (Echtzeit)

Bild 3.

Bei der aktuellen Generation, Generation ∂ Alpha (die sind derzeit Teenager) geht es sogar noch einen Schritt weiter: Die möchten an Ihrer Vision mitarbeiten.

Was haben Sie selbst in Ihrer Jugend gemacht? Welches Thema haben Sie unterstützt, weil Sie es für eine gute Idee hielten? Heute sind es Klima-Aktivisten, 1968 waren es politisch aktive Studenten, die alles hinterfragten. Manche haben sich aber auch lieber anders organisiert, und sind mit vollem Elan Fußball oder Tennis spielen gegangen. Oder bringen sich ehrenamtlich ein. Auch hier hat man sich einem Ziel verschrieben, für das man seine Zeit und seine Energie gerne gab und gibt.

Nehmen wir einmal an, Sie haben ein hehres Ziel, und Ihre Mitarbeiter stehen voll und ganz dahinter. Um dieses hehre Ziel zu erreichen, benötigen wir eine Strategie. Diese Strategie beschreibt, wie Sie dahin kommen, wo Sie hinmöchten. Wenn Sie bereits eine Strategie haben, sollten wir diese regelmäßig gemeinsam überprüfen.

Eine Strategie kann man in zwei Richtungen betrachten: Es gibt den Blick zurück in die Vergangenheit und den Blick nach vorne in die Zukunft. Wohin möchten Sie? Das definieren wir zuerst. Danach betrachten wir, was Sie in der Vergangenheit bereits erfolgreich gemacht haben, was darauf einzahlen kann.

Die folgende Übersicht veranschaulicht diese Sichtweisen anhand des Beispiels eines Autos. Beim Fahren gilt es, sowohl nach hinten als auch nach vorne zu schauen. Diese Sichtweise ist basiert auf der ‚Strategie als Sehen' nach Mintzberg (‚Tracking Strategies: ... Towards a General Theory', Henry Mintzberg, 2008, Oxford University Press, ISBN 978-0199228508)

Wir sehen hier unterschiedliche Sichtweisen. Mit gelb wird der Blick auf morgen hervorgehoben, mit grau der Blick auf heute und gestern.

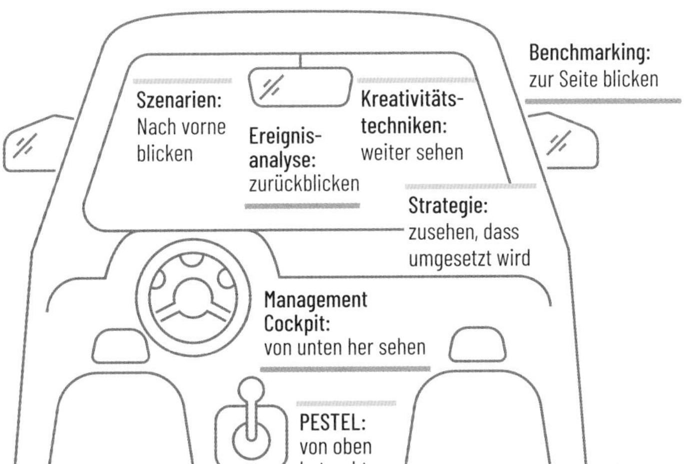

Bild 4.

Nehmen wir mal an, wir haben definiert, wo Sie hinmöchten. Nun überprüfen wir, ob die Idee, wie Sie in der Zukunft aussehen möchten, was Sie für einen Beitrag leisten möchten, durch äußere Faktoren beeinflusst wird. Dazu nehmen wir als Hilfsmittel die Methode: PESTEL.

In dieser Übersicht wird jedes einzelne Element: Politik, Wirtschaft (Economy) Soziales System, Technologie, Umwelt (Ecology) und Gesetzgebung (Legal) betrachtet.

	Fragestellung	Beispiele
Politik	Wie können sich Regierungen und andere politische Faktoren auf unser Unternehmen auswirken?	Politische Stabilität Bürokratie Korruption
Wirtschaft / Economy	Welche wirtschaftlichen Trends und Entwicklungen können Einfluss auf unser Unternehmen haben?	Wirtschafts-Wachstum Kredite, Zinsen Kaufkraft
Gesellschaft / Social Factors	Welche sozialen und demographischen Trends zeichnen sich ab, welche Wirkung haben sie auf unser Unternehmen?	Demographische Entwicklung Ein- und Auswanderung Bildungsniveau
Technologie	Welche technologischen Innovationen und Patente können unseren Markt und unsere Produktionsweise beeinflussen?	Automatisierung, Robotik Digitalisierung, KI Infrastruktur
Umwelt / Environment	Welche ökologischen Aspekte beeinflussen unser Geschäftsumfeld?	Klimawandel Nachhaltigkeit Umwelt-Politik
Legislative	Welche Gesetzesänderungen und neue Gesetzgebungen können unser Unternehmen beeinflussen?	Steuergesetzgebung Arbeits-Gesetzgebung Umwelt-Gesetzgebung

Bild 5.

Da gilt es wirklich, um alle Ecken zu schauen. Oder hatten Sie die DSGVO Datenschutzgrundverordnung auf dem Schirm? Oder die anstehenden ESG Environment, Social, Governance Elemente, die Ihnen bald auferlegen werden, ggf einen Menschenrechtsbeauftragten zu beschäftigen?

Neben diesen Umwelt-Elementen sollten wir auch darüber nachdenken, was sich alles bezüglich Innovationen tut. Nicht nur bezüglich neuer Technologien, sondern auch bezüglich aller anderen Elemente. Welche Trends sich zeigen, und was die für Ihr Unternehmen bedeuten.

Hier hilft auch die Übersicht von Michael Porter, der darauf hinweist, dass jedes Unternehmen ständig durch unterschiedliche Kräfte beeinflusst wird (‚Competitive Strategy: Techniques for Analyzing Industries and Competitors', Michael Porter, 2008, The Free Press, ISBN 978-0029253601):

Bild 6.

Welche Entwicklung könnte diese potenziellen Wettbewerber dazu verleiten oder in die Lage versetzen, in Ihrem Markt aktiv zu werden? Gibt es eine disruptive Technologie, die Ihnen das Wasser abgraben kann? Gibt es eine Gesetzgebung, die es Lieferanten oder Kunden ermöglichen wird, in Ihrem Markt aktiv zu werden? Darauf sollten Sie reagieren können.

Des Weiteren gilt es, die Chancen und Herausforderungen der Zukunft einzuschätzen. Hier können wir uns zum Beispiel die Mega-Trend-Map des Zukunftsinstituts anschauen oder aber die Trend-Übersicht des Mittelstands der Firma TRENDONE. Beides sehr interessante Dokumente, die man kostenlos downloaden kann:

https://www.zukunftsinstitut.de/zukunftsthemen/megatrends, (Stand: 07.03.24)
https://www.trendone.com/trendradar-mittelstand (Stand: 20.01.24)

Es gibt sehr viele Quellen, die sich mit diesen Themen beschäftigen, diese beiden sind nur zwei Beispiele davon.

Daraus erstellen wir dann Annahmen bezüglich der Zukunft, die für Sie relevant sind. Am einfachsten führen wir das gemeinsam durch mit dem ‚Eltviller Modell' der FutureManagementGroup, das im Buch ‚Die fünf Zukunftsbrillen' von Herrn Prof. Pero Micic vorgestellt wird (ISBN 978-3869365558, Gabal Verlag, 3te Auflage 2013)

Hier gilt ein ähnlicher Grundsatz wie beim Kommunizieren. Paul Watzlawick sagt, man kann nicht nicht kommunizieren. Für die Zukunftsannahmen gilt das Gleiche: Man kann nicht keine Annahme treffen ... .

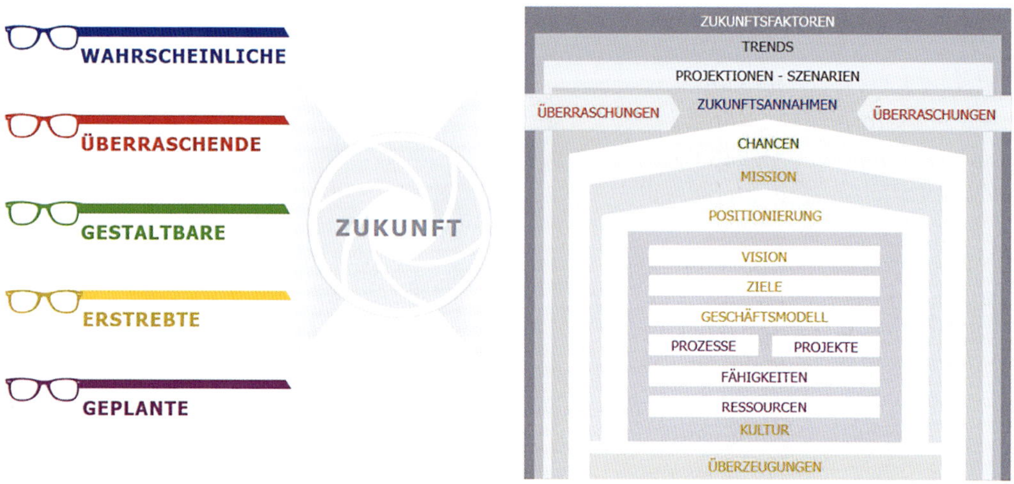

Mit freundlicher Genehmigung von Prof Micic. Bild 7.

Das ‚Eltviller Modell' betrachtet die Zukunft durch 5 Brillen: Zunächst schaut man sich die wahrscheinliche Zukunft an. Dann kehrt man das quasi um und betrachtet die überraschende Zukunft: was, wenn alles ganz anders kommt, als man denkt. Danach konzentriert man sich auf die Zukunft, die man als Unternehmen selbst gestalten könnte. Und fokussiert dann weiter auf die, die man für erstrebenswert hält. Daraus ergibt sich die geplante Zukunft.

OK.

Jetzt haben wir uns gemeinsam Gedanken gemacht, wo Sie hinmöchten, ob das eine gute Idee ist, welche äußeren Einflussfaktoren helfen oder hindern könnten und welche Innovationen und Trends einen positiven oder negativen Einfluss haben könnten. Nun bringen wir das alles zusammen, um Ihre Strategie zu definieren.

Bei der Erarbeitung einer zukunftsfähigen Strategie helfen Werkzeuge wie zum Beispiel der business canvas. Hier wird auf einer Seite alles Wichtige zusammengefasst. Auch diese Unterlage kann man bei verschiedenen Quellen kostenlos downloaden. Der Unternehmerkanal bietet darüber hinaus auch noch ein kurzes Video, wie man den Canvas einfüllt. In 12 Minuten werden alle 9 auszufüllenden Felder kurz beschrieben. Es wird dargelegt, wie der Canvas dabei hilft, die Gedanken zu sortieren und Informationen für unterschiedliche Gesprächspartner vorzubereiten
https://www.youtube.com/watch?v=HtjmDyLGFrU&ab_channel=Unternehmerkanal (Stand: 18.11.23)

Jetzt haben wir also in die Zukunft geschaut und festgelegt, wie Ihr Unternehmen dann aussehen wird. Nun betrachten wir die Gegenwart: Wo stehen Sie als Unternehmen jetzt und in diesem Moment? Was haben Sie heute, was Ihnen bei der Erreichung des Zukunftsziels hilft, was hindert und was fehlt noch?

Auch ein Unternehmen hat Lebens-Zyklen – Wer sie ignoriert, wird scheitern!

Sicher erinnern Sie sich an Nokia. Nokia war einst ein führender Hersteller von Mobiltelefonen und dominierte den Markt in den späten 1990er und frühen 2000er Jahren. Sie hatten riesigen Erfolg mit ihren Nokia 3210, 3310 und ähnlichen Modellen. Wahrscheinlich haben Sie selbst auch so ein Nokia besessen – ich auf jeden Fall.

Nokia unterschätzte leider die wachsende Bedeutung von Smartphones und die schnelle Entwicklung der Touchscreen-Technologie. Das Unternehmen setzte zu lange auf sein aktuelles Betriebssystem, während Konkurrenten wie Apple mit dem iPhone und später Android-basierte Geräte den Markt für Mobiltelefone revolutionierten.

Nokia hatte also den Anschluss verpasst und konnte nicht rechtzeitig auf den Trend der Smartphones umsteigen. Nokia verlor Marktanteile und das führte letztendlich dazu, dass sie ihre Mobiltelefonsparte an Microsoft verkaufen mussten. Später versuchte Nokia, mit Windows Phone-basierten Geräten wieder auf den Markt zu kommen, jedoch ohne den gleichen Erfolg wie früher.

Ein anderes Beispiel ist die Schweizer Uhrenindustrie. Sie unterschätzte den Einfluss der Quarzuhren vollkommen. Es gibt sogar das Gerücht, dass die Quarzuhr von einem Schweizer erfunden wurde, das konnte ich jedoch nicht verifizieren. Die Schweizer hielten eine Uhr, die man nicht aufziehen musste, für nicht wertvoll. Seiko hatte hier eine bessere Voraussicht und belehrte sie eines Besseren. Die Schweizer Uhren-Industrie verlor massive Marktanteile und berief Nicolas Hyak als Retter in der Not. Der führte die Schweizer Uhrenindustrie aus der Krise mit den Worten: *„Ab morgen produzieren wir keine Uhren mehr. Ab morgen produzieren wir Accessoires, die die Zeit ansagen."* SWATCH steht für SECOND Watch (nicht wie viele annehmen für Swiss Watch). Nicolas Hyak selbst trat immer mit mehreren Uhren an jedem Handgelenk auf. Als er die Uhrenindustrie wieder auf solide Beine gestellt hatte, skalierte er wiederum und baute ein Uhren-Imperium auf.

Was ist dann falsch gelaufen? Nokia ist Marktführer, hört aber kein Warn-Donnern? Die Schweiz ist Marktführer, verschläft aber komplett eine neue Technologie? Ihnen fallen bestimmt noch mehr Beispiele ein, wo ein Unternehmen den Anschluss verpasst hat (Neckermann, Quelle ...)

Sie sehen, wie wichtig es ist, nicht nur den Lebenszyklus der eigenen Produkte, sondern auch die aufkommenden Technologien genau im Auge zu behalten. Auch sollte man richtig einschätzen, wie sich Markttrends verändern, um Wettbewerbsvorteile zu erhalten und langfristigen Erfolg zu sichern.

Wie genau sieht das Lebenszyklus-Modell aus? Es bezieht sich sowohl auf das Unternehmen selbst (vom Start-up zum etablierten Unternehmen) als auch auf die Leistung, die vom Unternehmen erbracht wird.

Ähnlich wie der Lebenszyklus des Menschen sieht man zunächst eine Wachstumsphase, eine Stabilisation und dann eine Phase des Rückgangs.

Bild 8.

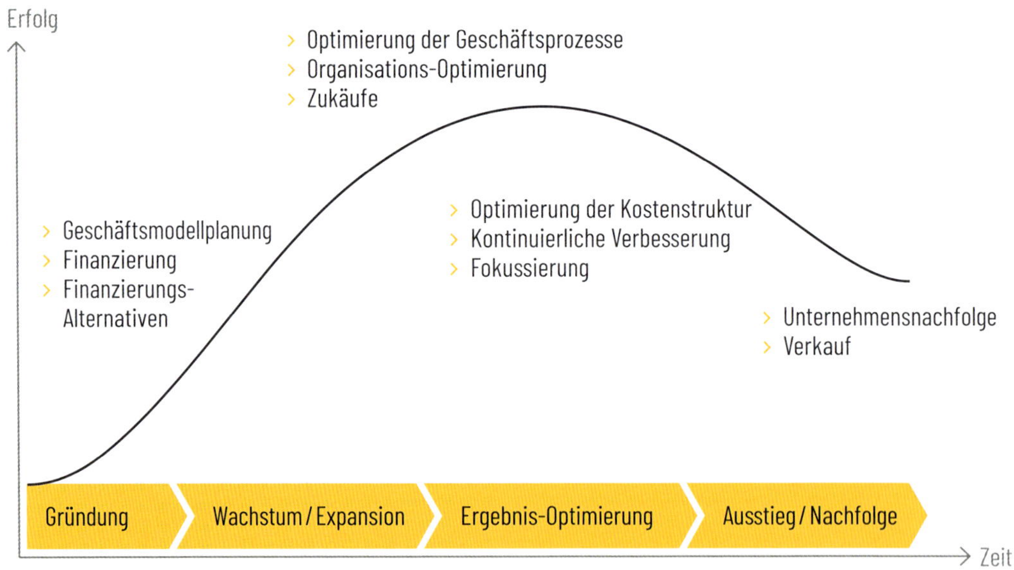

Bild 9.

Betrachten wir zunächst die Unternehmens-Seite: Wenn wir ein Start-up als Baby betrachten, gibt es viel zu lernen, bevor man auf eigenen Füßen stehen kann. Die ‚Eltern' sind bei einem Start-up die Investoren. Irgendwann kommt die Zeit, wo man in den Kindergarten geht, dann in die Schule und so weiter. Man entwickelt die eigene Persönlichkeit und wird immer unabhängiger von den ‚Eltern'. Jeder Entwicklungsstand erfordert unterschiedliche Strukturen und Unterstützung.

Bei der Leistungsseite sieht es ähnlich aus. Hier ist wichtig, den Zeitpunkt zu erfassen, an dem eine neue Innovation notwendig ist. Ähnlich wie Apple ständig neue Produkte herausbringt, von denen wir bis dato gar nicht wussten, dass wir sie benötigen. Manchmal ist es auch sinnvoll, eine neue Generation von Produkten zu entwickeln, wenn neue Technologie verfügbar ist. Diese Palette kann sukzessive die bestehende Palette ablösen.

Das Konzept geht von der Annahme aus, dass Technik immer irgendwann an ihre Leistungsgrenzen stößt. Somit unterstützt das Konzept Unternehmen dabei zu entscheiden, ob es Zeit ist für neue Technologie oder einen neuen Geschäftsbereich.

Um dem Abwärts-Trend entgegenzuarbeiten, bedient man sich des S-Kurven-Konzepts. Dies bezieht sich wiederum sowohl auf das Unternehmen als auch auf die angebotene Leistung. Wenn die Sättigung erreicht wird, ist es höchste Zeit, mit der nächsten Gründung oder Entwicklung zu starten. So entsteht immer wieder ein neuer Bereich, der sich gerade nach oben bewegt.

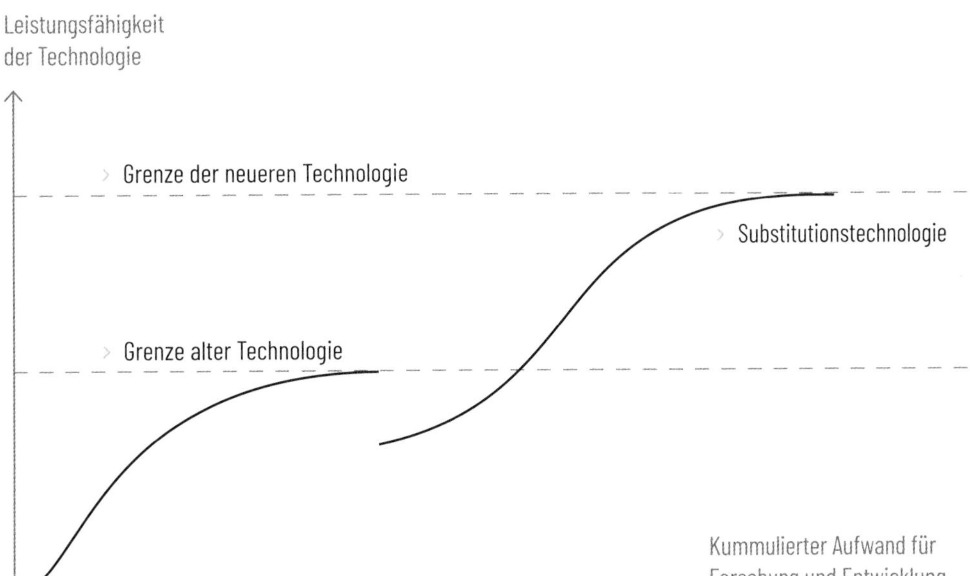

Bild 10.

Das Konzept des Lebenszyklus ist derzeit besonders gut zu beobachten in der Automobil-Industrie. Deswegen habe ich mich mit einer Expertin unterhalten: mit Monika Kocks, Geschäftsführerin der WKW Groupe und Vorstand des automotiveland.nrw.

Bild 11.

Monika Kocks

Monika Kocks kann auf eine äußerst beeindruckende berufliche Laufbahn zurückblicken, die von langjähriger Erfahrung und kontinuierlicher beruflicher Weiterentwicklung geprägt ist.

Seit 2014 bekleidet Monika Kocks die Position der Geschäftsführerin bei der WKW Unternehmens-Akademie GmbH in Wuppertal, wo sie ihre umfassende Expertise einbringt. Ihre Verantwortungsbereiche umfassen eine breite Palette von Aufgaben, die das strategische Management und die Leitung des Unternehmens betreffen.

Bereits seit 1990 ist sie mit der WKW Aktiengesellschaft in Velbert verbunden, wo sie seit Januar 2013 die Rolle des Vice President Corporate Communications innehat. In den Jahren von 2001 bis 2012 leitete sie den Bereich Unternehmenskommunikation und war von 1997 bis 2000 in der Stabsstelle Kommunikation tätig. Monika Kocks begann ihre Karriere bei der WKW Aktiengesellschaft im Jahr 1990 als Assistentin des Vorstands Vertrieb mit dem Schwerpunkt Marketing und Öffentlichkeitsarbeit.

Monika Kocks legt großen Wert auf kontinuierliche berufliche Weiterbildung. Im Zeitraum von 2019 bis 2020 absolvierte sie eine Ausbildung bei Von Fürstenberg Board Services in München und schloss als Zertifizierte Aufsichtsrätin der Steinbeis Hochschule für Governance, Risk and Compliance ab. Des Weiteren erwarb sie 2015 den Abschluss als Psychologische Beraterin am Bildungsinstitut für Therapeutische Berufe.

Ihre Qualifikationen wurden durch eine Ausbildung im Bereich Systemischer Businesscoach Veränderungsmanagement am Institut Almut Probst in Köln (2013–2014) sowie als Zertifizierte Wirtschaftsmediatorin an der Steinbeis Hochschule für Soziales und Recht (2012–2013) weiter gestärkt.

Monika Kocks engagiert sich auch außerhalb ihrer beruflichen Tätigkeiten. Sie fungiert als Beraterin bei der NRW. BANK, ist Vorstandsvorsitzende des Clusters automotiveland.nrw und beteiligt sich aktiv im Arbeitskreis Öffentlichkeitsarbeit beim GDA in Düsseldorf. Diese vielfältigen Engagements zeugen von ihrer starken Verbindung zur Wirtschaft und ihrer Bereitschaft, Verantwortung in verschiedenen Bereichen zu übernehmen.

Interview:

SK: *Frau Kocks, das moderne Automobil mit Verbrennungsmotor besteht nun seit über 200 Jahren. Wo sehen Sie das Produkt auf seinem Lebenszyklus, ist es am Ende?*

MK: Selbst wenn der politische Wille bei diesem Thema konturenlos ist, bin ich überzeugt, dass der klassische Verbrenner wirklich am Ende seines Lebenszyklus angekommen ist. Dies bedeutet allerdings für die deutsche Automobilindustrie, dass sich dunkle Wolken am Firmament abzeichnen. Durch eine völlig unverständliche Borniertheit der Entscheider bei den OEMs ist die Entwicklung von alternativen Antriebsmöglichkeiten schlicht verschlafen worden. Die chinesischen Autobauer haben uns im Bereich der Elektromobilität bereits überholt; Wasserstoff oder E-Fuels sind zumindest zurzeit keine Alternative für Pkws. Und die Absatzschwierigkeiten bei den deutschen Herstellern spiegeln genau das wider. Anders verhält es sich bei dem Schwerlastverkehr, sowohl auf der Straße als auch auf dem Wasser wird hier sicherlich Wasserstoff zum Einsatz kommen.

SK: *Wenn wir uns die Zukunft anschauen (Zukunftstrends, Nachhaltigkeitsziele, geopolitische Entwicklungen): Was bedeutet das für den Verbrennungs-Pkw?*

MK: Bei der sehr emotional geführten Diskussion über die Antriebe der Zukunft wird oft vergessen, warum es unumgänglich ist, hier die Transformation ernsthaft voranzutreiben. Zurzeit ist es unwahrscheinlich, dass wir die Klimaziele des Pariser Abkommens erreichen werden. 1,5 Grad werden wir nicht schaffen, und nur mit unermüdlicher Anstrengung werden uns 2,0 gelingen. Das bedeutet aber, dass sich alle damit verbundenen klimatischen Folgen mindestens doppelt negativ entwickeln. Insofern ist das Ende des Verbrenners alternativlos; parallel müssen wir natürlich auch die Nachhaltigkeitsziele für unsere Wirtschaft umsetzen.

SK: *Neben der aktuellen Koexistenz von Verbrennungs- und Elektro-Pkw gibt es auch unterschiedliche Geschäftsmodelle, wie ein Pkw genutzt werden kann. Von Car-Sharing bis autonomem Fahren gibt es jede Menge. Welchen Einfluss hat das auf die Automobil-Industrie?*

MK: Ich gehe davon aus, dass wir auch hier eine rasante Entwicklung sehen werden. Die unterschiedlichen Geschäftsmodelle werden gerade von jungen Menschen, die in Großstädten leben, genutzt. Ein Fahrzeug zu nutzen, aber eben nicht zu besitzen, ist von wachsender Attraktivität. Daraus folgt natürlich: Ist ein Pkw nicht mehr im Privatbesitz, hat das Auswirkungen auf die Ausstattung der Fahrzeuge. Da wird die Funktionalität einen wesentlich höheren Stellenwert bekommen. Und mit Funktionalität meine ich nicht den Antrieb oder die Stärke des Fahrzeugs. Hier geht es im Kern um eine kundenorientierte Digitalisierung der Fahrzeuge. Wie kann ich möglichst schnell ein gemietetes oder abonniertes Fahrzeug auf mich personalisieren? Das ist für die Kunden der Zukunft weitaus wichtiger, als einen

PS-starken Boliden zu fahren. Und dann kommen wir wieder zurück auf die verschlafene Digitalisierung der deutschen Automobilindustrie. Denn es geht hier nicht mehr nur um die Antriebsart, sondern eben auch um die Leistungselektronik, die die Fahrzeuge der Zukunft attraktiv macht.

SK: *Fachkräftemangel ist eine Herausforderung, mit der sich jedes Unternehmen konfrontiert sieht: Wie gehen Sie damit um?*

MK: Selbst im Mittelstand findet mittlerweile ein Umdenken statt. Durch den Fachkräftemangel müssen die Organisationen flexibler werden, wenn nicht sogar kreativ. Manifestierte Hierarchien sind nicht mehr zeitgemäß und werden von den nachfolgenden Generationen als verstaubt angesehen. Hier müssen die Unternehmen Modelle entwickeln, um Kompetenzen bei ihren Teams zu entwickeln und natürlich auch zu halten. Da steht die Agilität der Organisation im Vordergrund.

SK: *In dieser sich stetig wandelnden Welt: Wo sehen Sie den Vorteil, Boutique-Beratungen zu engagieren?*

MK: Gerade in Bezug auf Beratungen misstraue ich den großen Namen in der Branche. Meine Erfahrungen sind bedeutend positiver, wenn ich situativ entscheiden kann, zu welchem spezifischen Thema eine passgenaue Beratung angemessen bzw. angebracht ist. Und hier ist ganz entscheidend, dass die Persönlichkeit des einzelnen Beraters zu unserer Organisation passt. Generalisten schätze ich zwar als wertvoll ein, sie gehen jedoch ganz oft an den Bedürfnissen von mittelständischen Unternehmungen vorbei. Meine Erfahrung ist auch, dass die großen Beratungsgesellschaften gerne nicht so versierte Beraterpersönlichkeiten ins Rennen schicken, wenn auf der Kundenseite weniger klangvolle Namen stehen. Das heißt im Klartext: Mittelständische Unternehmen brauchen Experten zu den für sie relevanten Themen.

***

Der eigene Lebenszyklus ist natürlich abhängig davon, was sich so in der Welt um einen herum tut. Neben dem ständigen Überprüfen der technologischen Entwicklung und aufkommender Technologie sowie der Mega-Trends ist es somit wichtig einzuordnen, wo sich das eigene Angebot bezüglich der Markt-Einführung und Akzeptanz befindet. Das wird in der sogenannten ‚Blue-Ocean-Strategie' beschrieben:

Die Blue Ocean und Red Ocean Strategien sind zwei konzeptionelle Ansätze zur Geschäftsstrategie, die von W. Chan Kim und Renée Mauborgne in ihrem Buch ‚Blue Ocean Strategy' entwickelt wurden. Diese Ansätze beschreiben verschiedene Wege, wie Unternehmen ihre Wettbewerbsposition gestalten können.

Bild 12.

ISBN 978-3446446762, Hanser Verlag, 2. Auflage 2016

Die Red Ocean Strategie beschreibt den traditionellen Ansatz vieler Unternehmen, in bereits bestehenden Märkten zu konkurrieren, in denen der Wettbewerb bereits intensiv ist (wie ein blutiges Meer: Das Meer färbt sich aufgrund der futterneidischen Haie, die sich darin befinden, blutrot, daher der Name ‚Red Ocean'). Unternehmen, die sich für die Red Ocean Strategie entscheiden, versuchen, ihre Wettbewerbsvorteile gegenüber anderen Wettbewerbern in einem etablierten Markt zu erlangen, indem sie beispielsweise Preise senken, Qualität verbessern oder Marketingtaktiken einsetzen. Dies führt oft zu einem ‚Kampf um die Marktanteile', wobei Unternehmen sich gegenseitig die Kunden wegnehmen.

Die Red Ocean Strategie kann erfolgreich sein, aber sie birgt auch Risiken, da der Wettbewerb in gesättigten Märkten hart ist und die Margen möglicherweise schrumpfen, wenn die Preise ständig gesenkt werden müssen, um wettbewerbsfähig zu bleiben.

Bild 13.

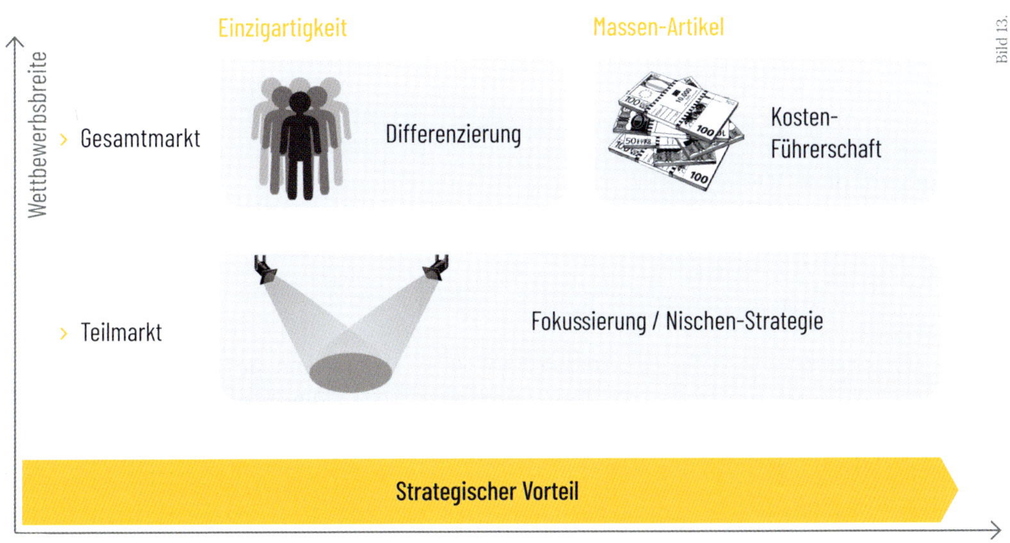

In der Wettbewerbsmatrix von Michael Porter (dargestellt im Schaubild) wäre dies eine Strategie der Kostenführerschaft. (‚Competitive Strategy: Techniques for Analyzing Industries and Competitors', Michael Porter, Free Press, 1980)

Die Blue Ocean Strategie hingegen beschreibt einen innovativeren Ansatz, bei dem Unternehmen neue, unberührte Märkte (die ‚Blue Oceans': Ohne konkurrierende beißende Haie bleibt das Wasser klar) erschließen, anstatt um begrenzte Anteile in bestehenden Märkten zu kämpfen. Hier geht es darum, neue Bedürfnisse zu erkennen und Produkte oder Dienstleistungen zu entwickeln, die einzigartig und anders sind. Indem ein Unternehmen einen ‚Blue Ocean' entdeckt, kann es den Wettbewerb umgehen und eine eigene Nische schaffen.

Die Blue Ocean Strategie kann es einem Unternehmen ermöglichen, neue Kunden anzuziehen, höhere Preise zu erzielen und eine nachhaltige Wettbewerbsposition zu erreichen. Unternehmen müssen sich jedoch bewusst sein, dass die Identifizierung und Erschließung eines neuen Marktes auch mit Risiken verbunden sein kann und sorgfältige Marktanalysen und Planung erfordert.

Insgesamt geht es bei der Blue Ocean Strategie darum, Wertinnovation zu schaffen, anstatt einfach nur die bestehenden Wettbewerber zu kopieren oder zu überbieten. Durch die Identifizierung von ‚Blue Oceans' können Unternehmen neue Wachstumschancen entdecken und ihre eigene Nachfrage schaffen, anstatt sich nur an bestehenden Angeboten zu orientieren.

In der Wettbewerbsmatrix von Michael Porter (siehe Abbildung) wären dies eher Strategien der Differenzierung oder der Fokussierung.

Die Schwierigkeit für Start-ups oder Unternehmen mit neuen Geschäftsbereichen besteht darin, sich zwischen den beiden Ozeanen zu bewegen: Die Aussage „*Wenn man ein neues Produkt auf den Markt bringt, sollte man auch die Konkurrenz mitschaffen*" wird dem amerikanischen Managementtheoretiker und Unternehmer Peter Drucker zugeschrieben. Peter Drucker (1909–2005) gilt als einer der einflussreichsten Managementdenker des 20. Jahrhunderts und hat zahlreiche Bücher und Artikel über Management, Innovation und Unternehmertum verfasst.

Wenn ein Unternehmen ein Produkt einführt, das so einzigartig und attraktiv ist, dass es eine bisher nicht bediente Nachfrage weckt, sollte es die Konkurrenz dazu ermutigen, ähnliche Produkte oder Dienstleistungen anzubieten, um dem neuen Trend zu folgen und somit die Kunden zum Kauf zu inspierieren. Es beginnt dann allerdings quasi ein Eiertanz – je länger man den Ozean blau halten kann, desto besser.

Wenn man erfolgreich einen neuen Trend entwickelt, ein neues Produkt auf den Markt bringt und es auch aufgrund der dann aufkommenden Konkurrenz etabliert, wandelt man also einen ursprünglich blauen Ozean langsam in einen roten Ozean um. Diese Umwandlung gilt es genau zu überwachen.

***

Ausatmen. Das war jetzt ganz schön viel Theorie. Aber wichtig, um seine eigene Situation einschätzen zu können.

Sie sollten also regelmäßig überprüfen:

- Stimmt mein Geschäftskonzept noch?
- Haben sich meine bisherigen Erwartungen erfüllt?
- Habe ich für alles, was ich erledigen möchte, die richtigen Kompetenzen?
- Wie hat sich die Konkurrenz in der Zwischenzeit verhalten?
- Wie hat sich mein Zielkundenkreis entwickelt?
- Welche Entwicklungen hat es in der Zwischenzeit gegeben, die auf mein Geschäft einen Einfluss haben könnten?

Das heißt also, Sie hinterfragen, ob Sie in einem roten oder blauen Ozean gestartet sind, wie sich die Konkurrenz verhalten hat, ob Sie etwas anpassen müssen, um durchstarten zu können, und was das sein könnte.

Warum brauchen Sie in dieser Situation Beratung? Hier braucht es Erfahrung in allen Lebensphasen eines Unternehmens. Erfahrung bezüglich roter und blauer Ozeane. Erfahrung aller unterschiedlichen Industrien und Branchen. Erfahrung unterschiedlicher Kulturen.

Ein externer Berater ist darüber hinaus objektiv und neutral, er ist nicht in das ursprüngliche Produkt oder die Dienstleistung verliebt. Er ist auch kein Kapital-Geber, so dass auch keine anderen Interessen einer optimalen Einschätzung im Wege stehen.

Woran erkennen Sie einen guten Berater? In diesem Falle sollte es ein Berater sein, der genug von Ihrem Produkt versteht, um mitreden zu können, der aber auch genug andere, vielleicht sogar sehr andersartige Erfahrungen hat, um bereichernd wirken zu können.

Sich regelmäßig infrage zu stellen und in Szenarien zu denken, und das unterstützt durch einen Externen, stellt sicher, dass Sie immer auf dem richtigen Weg sind. Auch wenn sich dieser Weg auf der Reise verändert.

Lassen Sie uns die oben recht trocken beschriebenen Konzepte und Theorien mal am Beispiel Apple durchlaufen:

- Die Gründungsphase von Apple begann im Jahr 1976, als Steve Jobs, Steve Wozniak und Ronald Wayne das Unternehmen ins Leben riefen. In dieser Phase entwickelten sie den Apple I und den Apple II und legten den Grundstein für den Erfolg des Unternehmens. Der berühmte Start in der Garage …
- Wachstumsphase: Mit dem Erfolg des Apple II und später des Macintosh erlebte Apple eine Phase des starken Wachstums. Die Einführung innovativer Produkte und die steigende Nachfrage trugen dazu bei, dass sich das Unternehmen schnell

weiterentwickelte. Es gab zwar bereits Computer, aber der Macintosh kann durchaus als ein Produkt im blauen Ozean bezeichnet werden.
- In der Reifephase erreichte Apple einen etablierten Platz in der Computerindustrie und erzielte weiterhin beträchtliche Umsätze. Während dieser Zeit hatte Apple mit einigen Herausforderungen zu kämpfen, wie internen Konflikten und dem Rückgang des Marktanteils gegenüber Microsoft-basierten PCs. Auf diese Phase kommen wir noch im Kapitel bezüglich der Start-ups zurück – Die Organisation und die Mitarbeiter-Struktur müssen auch der Phase entsprechen.
- Nach einem Rückgang des Unternehmens in den späten 1990er Jahren und der vorübergehenden Abwesenheit von Steve Jobs kehrte er 1997 zu Apple zurück. Diese Phase wurde als Neuerfindungsphase bezeichnet, in der Apple sein Geschäft neu ausrichtete und innovative Produkte wie den iMac, das iPhone, das iPad und die Apple Watch entwickelte. Wiederum Produkte, die differenziert oder sogar Nischen-Produkte waren – wieder blaue Ozeane.
- Reifungs- und Sättigungsphase: In den folgenden Jahren etablierte sich Apple als einer der weltweit führenden Technologiekonzerne. Das Unternehmen erreichte hohe Umsätze und Gewinne, jedoch begann sich der Markt für iPhones und iPads zu sättigen. Apple begann, neue Wachstumsfelder wie Dienstleistungen (Apple Music, Apple Pay, Apple TV+) und Wearables (AirPods, Apple Watch) zu erschließen, um sein Geschäftsmodell zu diversifizieren. Hier wird der Ozean also langsam rot, und es gilt die Kostenführerschaft zu erlangen. Apple kommt zwar immer noch mit neuen innovativen Produkten auf den Markt, die Frequenz ist allerdings langsamer geworden …

Hier noch ein paar weitere Unternehmen, die ihren Lebenszyklus erfolgreich gemeistert und sich in verschiedenen Phasen des Unternehmenslebenszyklus erfolgreich weiterentwickelt haben. Die meisten arbeiten jedoch im roten Ozean und sind eher Kostenführer, manche waren in blauen Ozeanen mit differenzierten oder gar Nischen-Produkten:

- Microsoft wurde 1975 gegründet und hat den Unternehmenslebenszyklus erfolgreich gemeistert, indem es von der Entwicklung von Betriebssystemen für Personal Computer zum Aufbau eines breiten Produktportfolios einschließlich Software, Hardware und Cloud-Diensten überging. Das Unternehmen hat sich immer wieder neu erfunden und ist auch heute noch ein führender Akteur in der Technologiebranche.
- Amazon wurde 1994 als Online-Buchhandlung gegründet und hat sich zu einem der weltweit größten E-Commerce-Unternehmen entwickelt. Das Unternehmen hat seinen Lebenszyklus erfolgreich gemeistert, indem es sein Produktangebot diversifiziert hat, von Büchern über Elektronik bis hin zu Lebensmitteln und Cloud-Diensten (Amazon Web Services). Darüber hinaus hat Amazon in Bereiche wie künstliche Intelligenz und Unterhaltungsmedien expandiert.
- Google wurde 1998 gegründet und begann als Suchmaschine. Das Unternehmen hat seinen Lebenszyklus erfolgreich gemeistert, indem es sein Geschäft diversifiziert

hat und sich in verschiedene Bereiche wie Werbung, Mobilfunkbetriebssysteme (Android), Cloud-Dienste (Google Cloud) und Hardware (Pixel-Smartphones, Chromecast) ausgedehnt hat. Google hat auch in den Bereichen künstliche Intelligenz und autonomes Fahren wichtige Fortschritte erzielt. 2015 baute Google seine Unternehmensstruktur weitgehend um. Dafür entstand ein neues Unternehmen namens Alphabet. Alphabet ist eine Sammlung von Unternehmen, das größte davon ist Google. Der Dachgesellschaft Alphabet wurde der Google-Forschungsbereich X Lab, die Investment-Abteilung Google Ventures, der Gesundheits- und Wissenschaftsbereich sowie die Suchmaschine Google unterstellt. Mit der Umstrukturierung reagierte der Konzern offenbar auf Befürchtungen, der Internetriese Google könne seinen Zenit überschritten, also die Lebensphase des Rückgangs erreicht haben. Der Erfolg beweist, dass Google hier den richtigen Riecher hatte und durch die neue Struktur durchstarten konnte.
- Disney wurde 1923 gegründet und hat sich von einem kleinen Animationsstudio zu einem weltweit bekannten Unterhaltungskonzern entwickelt. Disney hat seinen Lebenszyklus erfolgreich gemeistert, indem es sein Angebot auf Bereiche wie Filmproduktion, Fernsehen, Themenparks, Merchandising und Streaming (Disney+) erweitert hat. Das Unternehmen hat auch erfolgreich andere Marken wie Pixar, Marvel und Star Wars erworben und integriert.

Daneben haben wir Start-ups, die sich in der „Höhle der Löwen“ bewähren und dann einen zusätzlichen Kapitalgeber haben, der natürlich mitreden will. Also kommt quasi ein ‚Patenonkel‘ oder eine ‚Patentante‘ zu den ‚Eltern‘ hinzu. Dann entstehen erste Erfolge und Feedback zur Leistung, die auch wieder dazu führen, dass man seine Geschäftsidee und vielleicht auch seinen Inhalt des Produktes und der Leistung anpassen muss. Es muss also überprüft werden, wo man bezüglich des Lebenszyklus als Unternehmen und mit seiner angebotenen Leistung steht.

Erfolgsbeispiele sind:

- Little Lunch (leckere Suppen im Glas, die man darin erhitzen und auch verzehren kann): 2015 bekamen die Gründer 150.000 Euro Kapital von den Löwen. Im Jahr 2020 machten sie bereits 16 Mio. Umsatz und wurden erfolgreich verkauft. – Das Produkt war eher im roten Ozean, allerdings da in einer Nische.
- Abfluss-Fee (ein Gerät, dass die Abflüsse in Küche und Bad reinigt): 2016 bekam der Gründer 250.000 Euro Kapital von einem Löwen. Die damals verkauften 600 Stück sind inzwischen zu Millionen angestiegen. Der Gründer ist derzeit auf dem Weg zu 10 Mio. Umsatz – Auch hier eher roter Ozean und Nische.
- Ankerkraut (verschiedene Kräuter und Gewürze für die Küche) bekam auch 2016 Kapital. Stolze 500.000 Euro wurden investiert. Das Geschäft boomte so, dass die Eigentümer es 2020 verkauften – für geschätzte 50 Mio. Euro. – Wiederum roter Ozean und Nische.
- Rokitta's Rostschreck (ein Stab, den man in die Spülmaschine legt, um sogenannten Flugrost zu vermeiden) bekam 2017 100.000 Euro Kapital. Inzwischen ist das Produkt

beinahe so bekannt für die Anwendung wie Tempo als Taschentuch. Der Gründer hat seinen Gewinn dafür eingesetzt, sich seinen Traum von einer Kaffee-Rösterei zu erfüllen – Das Produkt war im blauen Ozean. Bis heute ist noch nicht viel Konkurrenz entwickelt worden.

› Finanzguru (eine App um Finanz-Investitionen zu tätigen – für Otto Normalverbraucher) bekam 2018 1 Mio. Euro. Die App, die einen beim Finanzieren unterstützt, scheint erst noch abzuheben. 2020 wurde die erste Umsatz-Mio. erwirtschaftet. – Diese App war eine der ersten, spielte also im blauen Ozean, der sehr schnell rot wurde.
› Vytal (ein System aus wiederverwendbaren Behältern für nach Hause gelieferte Mahlzeiten) bekam 2020 750.000 Euro Kapital. Hier geht es eher um die Nachhaltigkeit als um den Gewinn. Vytal hatte die Megatrends richtig gelesen – Wiederverwendbares Geschirr für Mahlzeiten wird bald Pflicht. – Das ist definitiv ein Produkt im blauen Ozean. Ich bin erstaunt, dass es hier noch keine zusätzlichen Anbieter gibt.

What brought you here does not bring you there – Einfach so weitermachen geht nicht!

Bisher haben wir uns angeschaut, wo Sie hinmöchten und wo Sie derzeit stehen.

Jetzt schauen wir uns an, was von dem, was Sie in der Vergangenheit gemacht haben, für die Zukunft sinnvoll ist, und was nicht. Und was Sie neu beginnen sollten zu tun, um Ihre Ziele zu erreichen.

Egal, ob Sie skalieren möchten durch eine Fusion bzw. einen neuen Geschäftsbereich, oder ein erneutes Start-up wagen: Für alle Situationen gilt: Was in der Vergangenheit gut funktioniert hat, muss noch lange nicht in der Zukunft funktionieren.

Neue Geschäftsbereiche sind ähnlich wie Zusammenschlüsse. Da kommt etwas Neues dazu. Die Basis bleibt bestehen, es wird etwas Neues ‚angedockt'. Das kann entweder dem Bestehenden ähnlich oder ganz anders geartet sein. Bei neuen Geschäftsbereichen fällt es vielleicht noch schwieriger als bei einer Fusion, darüber nachzudenken, dass man die Strukturen und unter Umständen sogar die Kultur anpassen muss. Bei der Fusion ist es offensichtlich, dass da anders tickende Mitarbeiter dazukommen. Auch beim neuen Geschäftsbereich geht es darum, nicht mehr so weiterzumachen wie bisher. Aber auch ein Start-up muss sich genau überlegen, wie sich das neue Produkt im Markt aufstellen wird. Vielleicht haben sich die Umstände seit der Gründung geändert.

Am Anfang steht die Entscheidung, was genau Sie neu machen möchten. Da hilft eine Matrix, die unterscheidet in neue Produkte und neue Märkte. Die 3 Kombinationen mit neuen Elementen haben grundlegend andere Konsequenzen und Implikationen.

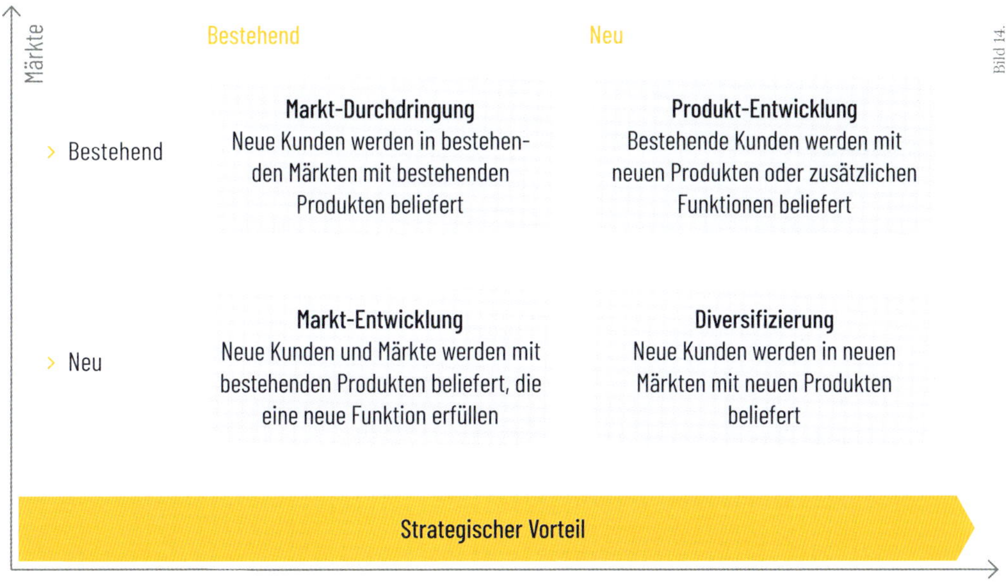

Diese Produkt-Markt-Matrix (auch Ansoff-Matrix, nach ihrem Erfinder Harry Igor Ansoff, oder Z-Matrix genannt) kann einem Unternehmen, das sich für eine Wachstumsstrategie entschieden hat, als Hilfsmittel zur Planung dieses Skalierens dienen. ('Corporate Strategy: An Analytic Approach to Business Policy for Growth and Expansion', Igor Ansoff, 1973, Penguin Books, ISBN 978-0140209327)

Lassen Sie uns die 4 Bereiche einmal im Einzelnen betrachten:

Markt-Durchdringung – Mehr vom Gleichen
Das Unternehmen versucht, in einem bestehenden Markt zu wachsen, indem es den Marktanteil bereits bestehender Produkte ausweitet. Das geschieht grundsätzlich durch die Erhöhung des Absatzes bei bestehenden Kunden, den Verkauf der Produkte an neue Kunden, die Gewinnung von Kunden, die vorher bei der Konkurrenz gekauft haben, oder eine Kombination aus diesen Möglichkeiten. Diese Strategie birgt, wenn überhaupt, ein geringes Risiko, da sie sich der bestehenden Ressourcen und Fähigkeiten bedienen kann. Allerdings ist das Wachstum meist begrenzt: Wenn der Markt gesättigt ist, muss auf eine andere Wachstumsstrategie gewechselt werden.

Produkt-Entwicklung – Neues für Bekannte
Mit dieser Strategie versuchen Unternehmen, die Bedürfnisse ihres bestehenden Marktes, also des bestehenden Kundenkreises, mit neuen Produkten (Innovationen) oder durch die Entwicklung zusätzlicher Produktvarianten zu befriedigen. Diese Vorgehensweise ist besonders geeignet für Unternehmen, deren Stärke sich eher auf sehr gute Kundenbeziehungen bezieht als auf spezifische Produkte.

Markt-Entwicklung – Gleiches für neue Kunden
Das Unternehmen versucht, die Zielgruppe für bereits bestehende Produkte durch Erschließung neuer Marktsegmente oder neuer geografischer Regionen (regional, national, international) zu vergrößern. Sie sucht also neue Kunden. Diese Strategie ist empfehlenswert für Unternehmen, die ihre Kompetenzen und Philosophie eher auf ein spezifisches Produkt ausgerichtet haben. Oder die sehr überzeugende Produkte oder Dienstleistungen anbieten. Durch die Expansion in einen neuen, unbekannten Markt ist das Risiko dieser Strategie jedoch höher als das einer bloßen Marktdurchdringung.

Diversifikation – Neues für Neue
Die Produktdiversifikation ist die risikoreichste der vier betrachteten Wachstumsstrategien. Sie erfordert nicht nur die Entwicklung eines neuen Produktes, sondern gleichzeitig die Erschließung neuer Märkte. Sie lässt sich im Einzelfall jedoch durch die Chance eines hohen Returns on Investment rechtfertigen. Weitere Vorteile können im Einstieg in eine potenziell attraktive Branche liegen oder in der Reduktion des allgemeinen Geschäfts-Portfolio-Risikos.

Diversifikation ist also eine Risiko-Strategie. Zum Glück gibt es hier verschiedene Risiko-Grade:

a. horizontale Diversifikation: Die Erweiterung des bestehenden Produktprogramms wird mit Produkten vorgenommen, die mit dem ursprünglichen noch in einem sachlichen Zusammenhang stehen. Die Wahrscheinlichkeit ist also groß, dass man dieses Produkt gut produzieren und dass man die Vorteile dieses Produktes auch überzeugend an den Kunden vermitteln kann. Somit ein überblickbares Risiko.

b. vertikale Diversifikation (Differenzierung): Dies entspricht der Vergrößerung der Tiefe des Produktprogramms, entweder in Richtung Absatz, also eine Vorwärtsintegration, oder in Richtung Herkunft der Produkte, dies ist eine Rückwärtsintegration. Was heißt das im Einzelnen? Sie bieten entweder das Produkt Ihrer Lieferanten mit an oder das Ihrer Kunden. Das wird zumindest die aktuellen Kunden nicht unbedingt erfreuen. Man muss neue Kundensegmente erschließen. Also zum Beispiel ein Kaffee-Röster, der eigene Café-Häuser eröffnet. Ein Auto-Hersteller, der ein Auto-Haus eröffnet. Ein Pharma-Hersteller, der eigene Apotheken eröffnet. In der Industrie bezieht sich das auf die nächste Produktionsstufe. Hier läuft man das Risiko, eine Reaktion der aktuellen Kunden hervorzurufen. Außerdem ist nicht sicher, dass man die Kompetenzen hat dieses neue Produkt zu produzieren und an den jeweiligen Kunden zu bringen.

c. laterale oder diagonale Diversifikation: Hierbei wird der Vorstoß in gänzlich neue Markt- und Produktgebiete betrachtet. Das Unternehmen muss seine traditionelle Branche verlassen, um in weit entfernte Geschäftsfelder zu investieren. Es besteht hier kein Zusammenhang zum bisherigen Geschäft. Diese Form wird im Strategischen Marketing auch als risikoreichste Form angesehen. Als gelungenes Beispiel kann der Einstieg von Mannesmann Ende der 1980er Jahre in den Mobilfunksektor betrachtet werden. Wenn Sie das in Erwägung ziehen, müssen wir sehr genau betrachten, ob Sie die dafür notwendigen Kompetenzen haben – sowohl für die Herstellung als auch die Vermarktung des neuen Angebots. Darüber hinaus müssen wir analysieren, wie sich das neue Angebot mit dem bestehenden verträgt.

Diese zusätzlichen Unterscheidungen führten zu einer Erweiterung der Ansoff-Matrix.

	Bestehende Produkte	Modifizierte Produkte	Neue Produkte
Bestehende Zielgruppe und geographischer Markt	Mehr bestehende Produkte an bestehende Kunden verkaufen (Marktpenetration)	Bestehende Produkte modifizieren und mehr davon an bestehende Kunden verkaufen	Neue Produkte entwerfen, die bestehende Kunden ansprechen (Neuentwicklung)
Neuer geographischer Markt	Verkauf bestehender Produkte in anderen geographischen Regionen (geographische Ausdehnung)	Anbieten und Verkauf von modifizierten Produkten in neuen geographischen Regionen	Entwicklung neuer Produkte für potentielle Kunden in neuen geographischen Regionen
Neue Zielgruppe	Vertrieb bestehender Produkte an neue Kundentypen	Angebot und Verkauf modifizierter Produkte an neue Kundentypen	Entwicklung neuer Produkte und Verkauf an neue Kundentypen (Diversifikation)

Bild 15.

Mit Hilfe der Ansoff Matrix oder der erweiterten Version können wir gemeinsam definieren, wo Sie einen neuen Geschäftsbereich eröffnen könnten. Oder mit wem Sie fusionieren sollten. Oder welcher Art Ihr nächstes Start-up sein sollte.

Alles beginnt mit einer intensiven Markt-Analyse. Technische Möglichkeiten, Marktentwicklungen, Kundenwünsche und Megatrends spielen hier eine große Rolle. Die Art des neuen Geschäftsbereichs bzw. der Geschäftsbereich des fusionierten Unternehmens oder des neuen Start-ups legt den Grundstein für die Struktur. Wir werden den Businessplan ganz genau betrachten, ob gerade, wenn Sie zum Beispiel neue Produkte für bestehende Kundengruppen anbieten möchten, das bestehende Geschäft sich ausweitet oder ob Sie sich kannibalisieren, das heißt, ob das neue Produkt vielleicht das alte verdrängt. Das kann in manchen Situationen auch gut sein. Wir haben technische Weiterentwicklungen, und da darf es durchaus mal sein, dass der Nachfolger den Vorgänger verdrängt. Es kann aber auch eine schöne Koexistenz sein, die man dann gestalten muss. Den Kunden sollte man durchaus sagen, warum beide Produkte sinnvoll sind.

Das sind natürlich sehr theoretische Modelle. Trotzdem unterstützen sie den Entscheidungsprozess. Ein externer Berater bietet hier nicht nur die Unterstützung durch die Moderation, sondern auch aufgrund der Erfahrung unterschiedlichster

Branchen und Szenarien. Darüber hinaus ist er objektiv. Somit ist er ein guter Sparringspartner und Moderator des Prozesses. Außerdem hat er auch mehr Zeit als Sie als Unternehmer, um sich mit relevanten Entwicklungen zu beschäftigen.

Es gibt einige gute Beispiele von Unternehmen, die erfolgreich skaliert haben:

- Siemens ist ein deutscher Technologiekonzern, der sich erfolgreich in verschiedene Geschäftsbereiche diversifiziert hat. Das Unternehmen ist in den Bereichen Energie, Gesundheitstechnologie, Mobilität, Digitalisierung und Industrieautomation tätig. Siemens ist einer der führenden Anbieter von Technologielösungen in verschiedenen Branchen. Siemens ist auch ein gutes Beispiel für Fokus – also das Herunter-Skalieren, wie bereits erwähnt.
- Unilever ist ein niederländisch-britisches Unternehmen, das sich auf Konsumgüter spezialisiert hat. Das Unternehmen ist in den Bereichen Lebensmittel, Getränke, Haushalts- und Körperpflegeprodukte tätig und hat eine breite Palette von Marken in seinem Portfolio. Die meisten davon sind durch Zukäufe hinzugekommen – also Fusionen.
- LVMH Moët Hennessy Louis Vuitton ist ein französischer Luxusgüterkonzern, der sich auf eine Vielzahl von Geschäftsbereichen diversifiziert hat. Das Unternehmen ist in den Bereichen Mode, Schmuck, Uhren, Parfums, Kosmetik, Spirituosen und Weine tätig und hält eine beeindruckende Sammlung von Luxusmarken. Auch hier wurde viel zugekauft.
- Novartis ist ein schweizerisches Pharmaunternehmen, das sich auf die Entwicklung und Herstellung von Medikamenten spezialisiert hat. Das Unternehmen hat sein Geschäft erfolgreich in verschiedene Bereiche wie Augenheilkunde, Onkologie, Herz-Kreislauf-Erkrankungen und Immunologie diversifiziert.
- Inditex ist ein spanisches Unternehmen, das eines der weltweit größten Modeeinzelhandelsunternehmen ist. Inditex betreibt eine Vielzahl von Modemarken wie Zara, Massimo Dutti, Pull&Bear und Bershka und ist weltweit in mehr als 90 Ländern präsent.
- Ericsson ist ein schwedisches Unternehmen, das sich auf Telekommunikations- und Netzwerktechnologie spezialisiert hat. Das Unternehmen bietet eine breite Palette von Lösungen für Telekommunikationsanbieter und Unternehmen an und ist ein wichtiger Akteur in der globalen Telekommunikationsbranche.

Wir sehen: Man kann sich erfolgreich diversifizieren, um Marktpräsenz zu erweitern, Umsätze zu steigern und Wettbewerbsfähigkeit zu stärken. Sie können also erfolgreich skalieren. Neuere Beispiele sind Unternehmen, die während der Pandemie aus der Not eine Tugend gemacht haben: Im Zuge der COVID-19-Pandemie haben viele europäische Unternehmen aufgrund der sich verändernden Nachfrage und der Herausforderungen der Pandemie auf andere Produkte umgestellt, um ihren Geschäftsbetrieb aufrechtzuerhalten oder auf die Nachfrage dringend benötigter Produkte zu reagieren.

- Viele Automobilhersteller in Europa haben ihre Produktionskapazitäten während der Pandemie umgestellt, um medizinische Ausrüstung herzustellen.

Beispielsweise produzierten Unternehmen wie Volkswagen und SEAT in ihren Werken Gesichtsschilde und Atemschutzmasken für medizinisches Personal.

- Viele Bekleidungs- und Textilunternehmen haben ihre Produktion umgestellt, um dringend benötigte Schutzkleidung wie Schutzmasken, Schutzanzüge und Schutzschilde für medizinisches Personal herzustellen. Das bekannteste Beispiel hier ist wohl Trigema.
- Einige Brauereien in Europa haben während der Pandemie ihre Produktionslinien umgestellt, um Desinfektionsmittel herzustellen und damit den Bedarf während der Knappheit an Desinfektionsmitteln zu decken.
- Einige Parfümhersteller und Kosmetikunternehmen in Europa haben ihre Produktion auf Handdesinfektionsmittel umgestellt, um der gestiegenen Nachfrage nach diesem Produkt gerecht zu werden.
- Einige Druckereien in Europa haben ihre Kapazitäten genutzt, um Gesichtsschilde und -masken für medizinisches Personal und die Öffentlichkeit herzustellen.
- Während der Pandemie haben einige Lebensmittelhersteller ihre Produktion auf die Herstellung von Grundnahrungsmitteln wie Mehl, Reis und Konserven ausgeweitet, um die gestiegene Nachfrage nach diesen Produkten zu bewältigen.

Diese Unternehmen hatten offensichtlich ihre Sensoren und Radare bezüglich der Veränderungen äußerer Einflussfaktoren sehr scharf gestellt. Und sie wussten sehr genau, was die eigenen Möglichkeiten und Kompetenzen waren. Die Umstellung auf die Produktion anderer Produkte ermöglichte es diesen Unternehmen, ihren Beitrag zur Bewältigung der Krise zu leisten und ihre Geschäftstätigkeit aufrechtzuerhalten. Auch das bedeutet: Es wurde skaliert. Mit den bestehenden Ressourcen wurden neue Angebote erstellt.

Auf der anderen Seite gibt es leider auch zahlreiche Beispiele für gescheiterte Geschäftsbereiche bekannter Unternehmen. Selbst erfolgreiche Unternehmen können mitunter Geschäftsbereiche haben, die nicht den gewünschten Erfolg bringen und deshalb eingestellt oder verkauft werden.

- Google startete 2011 sein soziales Netzwerk Google+ als Konkurrenz zu Facebook. Obwohl es anfangs viel Aufmerksamkeit erhielt, konnte es nicht mit Facebook konkurrieren und litt unter geringer Nutzerbeteiligung und Interaktion. Im Jahr 2019 wurde Google+ schließlich eingestellt, nachdem eine Sicherheitslücke entdeckt worden war. Hier wäre interessant zu erfahren, welche Elemente vor dem Markteintritt untersucht wurden. War der Kundenkreis derselbe? Waren die Kompetenzen ausreichend, um dem Marktführer das Wasser abzugraben?
- Microsoft versuchte, im Mobiltelefonmarkt Fuß zu fassen, und konkurrierte mit seinem Betriebssystem Windows Phone mit iOS und Android. Trotz vieler Bemühungen und Investitionen konnte Windows Phone nicht genügend Marktanteile gewinnen und wurde 2017 eingestellt. Auch hier die gleiche Frage: Welche Kunden wollte man ansprechen, hatte man dafür die richtigen Kompetenzen, wurde Microsoft geglaubt, auch in diesem Bereich Expertise zu haben?

- Kodak war einst ein führender Hersteller von Fotokameras und Fotofilmen. Mit dem Aufkommen der Digitalfotografie konnte Kodak jedoch nicht erfolgreich auf dem Markt für digitale Kameras konkurrieren. Das Unternehmen verpasste den Übergang zur digitalen Technologie und musste Insolvenz anmelden. Hier wäre interessant auch den zeitlichen Ablauf zu betrachten. Waren zu dem Zeitpunkt, als Kodak endlich digital werden wollte, die Smartphones bereits als Kameras etabliert? Dann hat man sich mit ganz anderen Konkurrenten angelegt (den Smartphone-Herstellern), die bereits eine hohe Reichweite erreicht hatten.
- Blockbuster war einst eine der größten Videothekenketten der Welt. Mit dem Aufkommen von Video-on-Demand-Diensten und Online-Streaming-Plattformen konnte Blockbuster jedoch nicht mithalten und musste schließlich 2013 alle seine Filialen schließen. Hier stellt sich die Frage, ob Blockbuster überhaupt die Möglichkeit gehabt hätte, auf die neue Technologie umzusteigen. Streaming hat ein komplett anderes Geschäftsmodell als Videoketten.
- Blackberry war ein Pionier im Smartphone-Markt und war bekannt für seine sicheren Kommunikationsdienste. Als iPhones und Android-Geräte jedoch an Popularität gewannen und App-Ökosysteme entwickelten, konnte Blackberry nicht mithalten und verlor dramatisch an Marktanteilen. Ähnlich wie Nokia wurde ein Trend übersehen bzw. eine Technologie: Touch-Screen. Ob Blackberry dafür die Kompetenzen gehabt hätte, bleibt offen.

Es ist enorm wichtig, seine Strategie permanent zu überwachen und zu aktualisieren sowie bei neuen Produkt-Ideen zu überprüfen, ob und wie sie am besten zum bestehenden Geschäft passen. Und ob man die notwendigen Kompetenzen zur Verfügung hat, dieses neue Angebot auch profitabel herzustellen. Lassen Sie uns die Beispiele noch einmal betrachten:

- Google war beim Start von Google + noch eine Suchmaschine, hatte also wahrscheinlich keine Kompetenzen auf dem Social Media Sektor.
- Microsoft war ein Software-Hersteller, der Eintritt in die Hardware-Welt hätte auch anders vorbereitet werden müssen.
- Kodak hätte durch eine intensive Betrachtung der Ansoff Matrix gesehen, dass man durchaus eine Koexistenz hätte aufbauen können zur traditionellen Fotografie.
- Blockbuster hätte ebenso eine Koexistenz und ein langsames Kannibalisieren gestalten können.
- Blackberry und Nokia waren sicher sehr von ihrer Technologie überzeugt, hier wäre eine Strategie-Überprüfung im Hinblick auf Megatrends und neue Technologie sicher hilfreich gewesen.

Ein Beispiel aus meiner Praxis:
Ein Unternehmen hatte als Kern-Geschäft die Herstellung von Taschen, die aus Material hergestellt wurden, das bereits ein Leben hinter sich hatte. Die beiden Geschäftsführer hatten dann die Idee, auch Kleidung herzustellen; diese allerdings aus extra dafür angebauten Natur-Produkten. Diese beiden Storys ließen sich nicht

vereinen. Das Kern-Konzept war: Grave to Craddle – von der Entsorgung für ein zweites Leben gerettet. Das neue Konzept war eher: direkt nachhaltig entstanden. Wenn man hier hoch abstrahiert, ist das gemeinsame Thema zwar die Nachhaltigkeit. Trotzdem ließ sich der neue Bereich nicht unter dem gleichen Firmennamen vermarkten. Die ursprüngliche Nachricht wurde dadurch zu sehr verwässert. Das Unternehmen musste diesen neuen Bereich nach einiger Zeit und einigen Verlusten einstampfen. Mein' I told you so' habe ich mir verkniffen.

Es ist also immens wichtig, seine eigenen Stärken genau zu kennen, die Umwelt permanent zu scannen und daraus die richtigen Schlussfolgerungen zu ziehen. Auch hier ist der externe Blick notwendig. Wie das bereits erwähnte Kind aus dem Märchen ‚des Kaiser's neue Kleider' wird ein Externer den Finger in die Wunde legen, wenn eine Story nicht logisch ist oder nicht Hand und Fuß hat.

Planung und Umsetzung

Es gibt viele bekannte Zitate, die über Pläne und die erfolgreiche Umsetzung sprechen. BlackAdder hat einen ‚cunning plan', also einen schlauen Plan. Hannibal vom A-Team „*liebt es, wenn ein Plan funktioniert*". Walt Disney erklärte uns: „*Du kannst den allerschönsten Platz der Welt planen, erstellen und bauen – aber man benötigt Menschen, um den Traum wahr werden zu lassen.*" Leonard Bernstein sagte: „*Man braucht zwei Dinge, um Großes zu erreichen: einen Plan und zu wenig Zeit.*" William McDougall war ein amerikanischer Psychologe und vielleicht wenigen bekannt. Sein Motto: „*Mache dir einen Lebensplan und verfolge ihn konsequent; sei dabei unbeugbar in deinem Ziel, aber beweglich in den Mitteln.*"

Genau darum geht es: einen Plan zu haben, den zu verfolgen, aber immer flexibel zu bleiben, um sich geänderten Gegebenheiten anpassen zu können.

Veränderungs-Projekte

Es hält sich der Mythos, dass ca. 70 % der Veränderungs-Projekte scheitern. Mark Hughes hat das 2011 untersucht und kam zu dem Ergebnis: Ob es wirklich 70 % sind, kann nicht nachgewiesen werden, aber es werden viele sein. (Mark Hughes (2011). Do 70 Percent of All Organizational Change Initiatives Really Fail? Journal of Change Management, 11:4, 451–464)

Warum also scheitern so viele Transformationen und Veränderungen? Dafür gibt es verschiedene Gründe:

- **Mangelnde Führung und Unterstützung:** Wenn das Top-Management nicht aktiv den Veränderungsprozess unterstützt und keine klaren Ziele und Richtlinien festlegt, kann dies zu Unsicherheit und Widerstand in der Organisation führen. Das Top-Management muss sichtbar die veränderte Situation leben, als Rollen-Modell fungieren. Zu jeder Zeit und an jedem Ort.

Wie radikal das sein kann und muss, konnte ich selbst miterleben. Ich nahm einmal an einer Veranstaltung teil, wo Mitarbeiter gelobt und ausgezeichnet wurden. Der Moderator, der Chef des Standorts, begrüßte eine Mitarbeiterin mit den Worten: „*Ich habe immer gedacht, die Marie hat ein Verhältnis mit einem Kollegen in der Produktion, weil sie da so oft rumlungerte. Es stellt sich heraus: Sie ist nur einfach supergut und hat uns durch ihr Projekt immens viel Geld eingespart!*" Ich war sprachlos und schaute den Personal-Chef an, der mir nur wenige Stunden davor mitgeteilt hatte, dass das Unternehmen jetzt die Transformation in Richtung ‚diversity & inclusion', also der Vielfalt und der damit verbundenen Toleranz, angehen wolle. Dieser Mann sah mich ob meines Entsetzens bass erstaunt an. Bei einer anderen Firma, für die ich gearbeitet habe, wäre dann das Folgende passiert: Der Personalleiter wäre auf die Bühne gegangen, hätte den Sprecher an den Schultern gepackt und zu den Zuhörern gesagt: „ *Bitte verabschiedet euch jetzt von diesem Kollegen, ab heute arbeitet er nicht mehr für uns. Er hat sich nicht an die Regeln der Toleranz und der Wertschätzung gehalten, weil er Marie zum einen ihre Expertise nicht zugetraut und ihr darüber hinaus auch noch eine sexuelle Beziehung unterstellt hat. Beides zeugt von einem Frauenbild, das wir nicht tolerieren Er wird aufgrund seines Kommentars fristlos entlassen.*" Natürlich ist das radikal, aber wenn man wirklich dauerhafte und nachhaltige Verhaltensänderungen erreichen will, muss die Führungsriege mit absolut astreinem, gutem Beispiel vorangehen. Auch, wenn das Unternehmen zunächst dadurch Verluste einfahren könnte, langfristig zahlt sich Konsequenz immer aus. (Anmerkung: Bei diesem Beispiel spielen die unterschiedlichen Generationen eine große Rolle. Während ältere Semester wie ich derartige Kommentare zu tolerieren gelernt haben, akzeptieren jüngere Generationen diese nicht mehr. Somit sollten sich Unternehmen auch mit dieser Komponente der Generationen-Unterschiede beschäftigen.)

- **Widerstand gegen Veränderung:** Menschen neigen dazu, Veränderungen zu widerstehen, insbesondere wenn sie mit Unsicherheit und Angst vor dem Unbekannten verbunden sind. Widerstand kann aus verschiedenen Gründen entstehen, wie z. B. Sorge um den Verlust von Arbeitsplätzen, Angst vor persönlicher Inkompetenz oder Vertrautheit mit dem Status quo. Es gilt also, den zukünftigen Zustand als schöner, besser, größer, weiter, angenehmer zu beschreiben. Das kann entweder sein, weil er es ist (also auf die Zukunft gerichtet), oder weil der aktuelle Zustand alle diese Eigenschaften verlieren wird (auf das Heute gerichtet).
  Dieser ‚sense of urgency', das Gefühl der Dringlichkeit, das John Kotter an den Beginn jedes Veränderungsprojekts stellt, entscheidet, ob und wie erfolgreich ein derartiges Projekt ist. Dazu später mehr. Wenn es keinen einleuchtenden Grund gibt sich zu verändern, dann wird auch nichts verändert. Viele Unternehmen haben keinen ausreichenden Leidensdruck und gehen die Projekte eher halbherzig an. Wenn der Leidensdruck zunimmt, schlägt die Bequemlichkeit schnell in Panik um, und der Aktionismus, der dadurch entsteht, vergisst die überzeugende Story zu definieren.

- **Kommunikationsdefizite:** Eine klare und offene Kommunikation ist entscheidend, um die Notwendigkeit der Veränderung zu vermitteln, Zweifel auszuräumen und das Vertrauen der Mitarbeiter zu gewinnen. Wenn die Kommunikation unzureichend ist oder Missverständnisse auftreten, können Gerüchte und Fehlinformationen entstehen, die den Veränderungsprozess behindern. Hier muss mit Bildern gearbeitet werden, die ergreifen. So sieht es aus, wenn wir Erfolg haben. Oder: So sieht es aus, wenn wir nichts tun (Zukunft vs. Gegenwart). Diese Bilder können gar nicht oft genug aufgerufen werden. Ein Townhall-Meeting (also eine Zusammenkunft aller Mitarbeiter) zu Beginn reicht absolut nicht aus.
  Oft höre ich hier, man könne ja nicht offen über die angestrebten Veränderungen reden, weil alles noch geheim gehalten werden müsse. Meine Antwort: Es gibt aber viel, worüber man reden kann!
  Zum Beispiel die Strategie. Ich habe einmal ein Projekt begleitet, wo es zum einen um Dezentralisierung (der kunden-orientierten Tätigkeiten), zum anderen um Zentralisierung verschiedener (eher intern orientierter) Arbeitsabläufe ging. Für ein Büro hat das bedeutet, dass sich die Mitarbeiter-Zahl halbieren würde. Natürlich gab es einen Betriebsrat, den man vorerst nicht mit ins Boot holen wollte. Aber wir konnten die Strategie erwähnen. So hat der Standort-Leiter zu jeder Gelegenheit erzählt: Wir wollen wachsen, indem wir hier sparen und dort investieren. Hier sparen, dort investieren. Sparen, Investieren. Wie eine zerbrochene Schallplatte (für diejenigen Leser, die das nicht mehr kennen: Das war der Vor-Vorläufer der Musik Streams) hat er diesen Satz wiederholt. Zur gleichen Zeit wurde in der Nähe ein neues Unternehmen angesiedelt, das durchaus die Mitarbeiter aufnehmen konnte. Da man auch das nicht offen kommunizieren konnte, wurde der Standort-Leiter in einer Regional-Zeitung interviewt, was er denn von diesem neuen Konkurrenten für Mitarbeiter halten würde. Er hat dann darüber geredet, wie schade es wäre, die Mitarbeiter zu verlieren, weil das ein sehr guter Arbeitgeber sei … Als endlich die Katze aus dem Sack gelassen werden konnte und er sagte: „Wir wollen wachsen, indem wir hier sparen und dort investieren – und das bedeutet für uns, dass wir 50 % von euch gehen lassen müssen!“, war die Reaktion der Mitarbeiter: „Ok, haben wir kommen sehen, und uns bereits woanders beworben.“

- **Mangelnde Einbeziehung der Mitarbeiter:** Wenn Mitarbeiter nicht in den Veränderungsprozess eingebunden werden und keine Möglichkeit haben, ihre Bedenken zu äußern oder Vorschläge einzubringen, können sie sich entfremdet fühlen und den Veränderungen widerstehen. Das Einbeziehen macht man am besten so früh wie möglich. Oft höre ich, dass man die Veränderung erst geheim hält, bis man einen klareren Plan hat. Die Reaktion der Mitarbeiter-Vertretung wird gefürchtet. Ich empfehle immer: Bezieht die Mitarbeiter-Vertretung ein, sobald sich eine Veränderung abzeichnet. Natürlich birgt das Einbeziehen das Risiko, dass etwas durchsickert. Wenn man die Informationen aber direkt so definiert, dass durch diesen Kanal aktiv und positiv auf die Veränderung vorbereitet werden kann, ist das doch ein guter Ausgangspunkt.

Wenn man die Möglichkeit hat, den Betriebsrat mit einzubeziehen, ist das bereits die halbe Miete. Bei einem Projekt, wo ein Standort geschlossen werden sollte, haben wir die Vertretung mit einbezogen. Die Konzepte, die gemeinsam erarbeitet wurden, um einen akzeptablen und wertschätzenden Sozialplan zu entwickeln, wären ohne die Einbeziehung nicht so erfolgreich gewesen. Der Betriebsrat wird so zum Fürsprecher der Lösung, nicht zum Blockierer. Denn es ist ja seine Lösung …

› **Unklare Ziele und Messgrößen:** Wenn die Ziele der Veränderung nicht klar definiert sind und es keine klaren Messgrößen gibt, um den Fortschritt zu überwachen, können die Beteiligten sich fragen, ob die Veränderungen erfolgreich oder ob Kurskorrekturen erforderlich sind. Das Bild der Zukunft muss absolut klar, deutlich, bunt und anziehend sein. Wenn man sich hier in abstrakten Beschreibungen verliert, riskiert man auch die Unterstützung. Was bedeutet ‚damit wir wettbewerbsfähig bleiben'? Übersetzt heißt das doch sicher: … , damit wir Euch allen weiterhin eine spannende, anspruchsvolle und gut bezahlte Arbeit bieten können, damit ihr Eure eigenen Wünsche und Träume erfüllen könnt'. Dann sollte man das auch so sagen.
Wie wichtig klare Ziele sind, hat das Unternehmen Patagonia bewiesen: Im Jahr 2011 hatte das Hauptquartier von Patagonia in Ventura, Kalifornien, einen schweren Brand, der erhebliche Schäden verursachte. Der Gründer und Eigentümer von Patagonia, Yvon Chouinard, entschied sich damals, die betroffenen Mitarbeiter trotz der Schäden im Unternehmen zu behalten, und bot ihnen an, zu einem reduzierten Gehalt weiterzuarbeiten, um das Unternehmen wieder aufzubauen. Er hatte eine so anziehende und überzeugende Zukunft beschrieben, dass es den Mitarbeitern eine Freude und eine Ehre war, dieses von ihnen so geschätzte Unternehmen wieder mit aufzubauen.

Mangelnde Ressourcen und Schulung: Wenn nicht ausreichend Ressourcen bereitgestellt werden, um den Veränderungsprozess umzusetzen, oder wenn die Mitarbeiter nicht die erforderlichen Schulungen und Fähigkeiten erhalten, um die Veränderungen zu bewältigen, kann dies zu Frustration und Scheitern führen. Hier hapert es in den meisten Projekten: Die Projekt-Mitarbeiter machen das Projekt nur in Teilzeit. Ein Change-Manager wird gar nicht erst benannt. Change-Agents sind nicht auf dem Radar. Und Kommunikation soll mal eben von jemand mitgemacht werden … Eine Veränderung ist ein Vollzeit-Job für ein komplettes Team. Dazu gehört auch die Geschäftsleitung.
Wie wichtig die Vorbild-Rolle der Führungsriege ist, habe ich schon mehrfach beschrieben. Nikolas Hyak ist bereits erwähnt worden. Mein Positiv- und Negativ-Beispiel bezüglich Einführung von Diversity und Inclusion auch. Es geht also darum, dass die Mitarbeiter die Veränderung wollen, alles, was dafür notwendig ist, können, und auch machen dürfen.

› **Fehlende Kontinuität und Beharrungsvermögen:** Veränderungsprozesse erfordern Zeit und Ausdauer. Wenn sie zu früh abgebrochen oder halbherzig umgesetzt werden, kann dies zu einem Scheitern führen. Es ist wichtig, den Veränderungsprozess kontinuierlich zu überwachen, anzupassen und anzugleichen, um sicherzustellen, dass er langfristig erfolgreich ist.

Ich nenne das das ‚Just do it!'-Syndrom. Wenn man einmal kurz probiert hat, ob die Veränderung funktioniert, schmeißt man das Projekt sozusagen über den Zaun und sagt zur Belegschaft: Macht jetzt einfach! Es wird nicht ausreichend überprüft, ob auch alles angepasst wurde. Oft fällt erst nach einer Weile auf, dass bestimmte Prozesse und Abläufe auch durch die Veränderung beeinflusst werden. Die müssen dann auch angepasst werden. Das Einbetten ist ein außergewöhnlich wichtiger Teil der Veränderungs-Projekte. Wenn man das nicht ordentlich plant und umsetzt, bricht man sozusagen 10 m vor der Ziellinie des Marathons zusammen.
Vielleicht geht es Ihnen ähnlich wie mir: Im Winter 2022/23 habe ich zuhause bei 19 Grad gearbeitet, weil das der Temperatur entsprach, die ich auch bei meinen Kunden angetroffen habe. Getriggert wurden wir durch die immens gestiegenen Energie-Kosten. Diesen Winter ist es bei mir zuhause nicht mehr Eiszapfen-kalt, aber signifikant kühler als vor der Pandemie. Ich bin nun allerdings auch ausgerüstet mit allerlei Decken, Pullovern und warmen Socken. Wenn ich das noch geringere Heizen als dringlicher bezüglich der Umwelt und meiner eigenen finanziellen Situation ansehen würde, würde ich vielleicht wieder bei 19 Grad Raumtemperatur liegen … Asche auf mein Haupt!

Um diesen Scheiter-Gründen entgegenzuwirken, ist es sinnvoll, ein sehr gut aufgesetztes Change-Management-Programm zu haben. Es gibt verschiedene Experten, die uns beschreiben, wie man ein Veränderungs-Projekt angehen sollte. Wichtig sind das Change-Management und die Kommunikation, wie wir das soeben gesehen haben. Ich selbst orientiere mich an dem am meisten verbreiteten Change-Modell von John Kotter. Den ersten Schritt ‚sense of urgency' hatte ich bereits kurz erwähnt. Kotter definiert 8 Schritte, die zu einer erfolgreichen und nachhaltigen Umsetzung von Veränderungsprozessen führen, mit den damit verbundenen Kommunikationszielen (als Referenz: Leading Change von John P Kotter, herausgegeben von der Harvard Business Review Press, in Deutsch beim Vahlen Verlag, neueste Ausgabe von 2012, ISBN 978-3-8006-3789-8– oder die leichtere Version: Das Pinguin Prinzip, Wie Veränderung zum Erfolg führt, Droemer Verlag, Deutsche Ausgabe von 2017, ISBN 978-3426274125).

1	Dringlichkeit erzeugen
2	Führungskoalition aufbauen
3	Vision und Strategie entwickeln
4	Vision kommunizieren
5	Handlungsmöglichkeiten schaffen
6	Kurzfristige Siege erzielen
7	Nachhalten
8	Veränderungen in der Unternehmenskultur verankern

Bild 16.

Schritt 1: Dringlichkeit erzeugen (Sense of Urgency)

Jeder Mensch steht Veränderungen skeptisch gegenüber, bis er den Vorteil der neuen, veränderten Situation sieht. Wenn der Mensch mit der aktuellen Situation zufrieden ist, wird er den Sinn für eine Veränderung schwer sehen können. Somit muss zunächst aufgeführt werden, warum es notwendig ist, sich zu verändern. Entweder, weil die neue Situation so viel besser ist, oder weil das Beibehalten der aktuellen Situation zu Problemen führen wird. Kotter nennt dies ‚Dringlichkeit erzeugen'.

Somit ist das Kommunikationsziel dieses Schrittes: Sensibilisieren der Mitarbeiter für die Notwendigkeit der Veränderung.

- Die Zielgruppe für diesen Schritt: alle Mitarbeiter, insbesondere Führungskräfte.
- Mögliche Kommunikationsmittel für diesen Schritt: Kick-off-Meeting, E-Mail-Ankündigung, Town-Hall-Meeting.
- Die Botschaft muss ein: warum ist die Veränderung notwendig und welche Risiken bestehen bei Nicht-Handeln

Schritt 2: Führungskoalition aufbauen (Build a Guiding Coalition)

In den wenigsten Fällen ist der Unternehmer in der Lage, quasi wie der Rattenfänger von Hameln allein seine gesamte Belegschaft hinter sich zu vereinen, um gemeinsam die Veränderung zu realisieren. Somit müssen Schlüssel-Mitarbeiter gewonnen werden, die jeweils in ihrem Umfeld für die Veränderung werben. Je besser diese Mitarbeiter im Unternehmen verteilt sind, desto schlagkräftiger wird der Einsatz dieser ‚Botschafter' sein. Direkt, nachdem man somit den Start-Schuss für die Veränderung gegeben hat, gilt es dieses Team von Botschaftern zu rekrutieren.

Das Kommunikationsziel dieses Schrittes: die Unterstützung von Schlüsselpersonen gewinnen.

- Die Zielgruppe dieses Schrittes: Führungskräfte, Meinungsbildner – alle, die als Botschafter geeignet sind.
- Mögliche Kommunikationsmittel dieses Schrittes: Einzelgespräche, Workshops, Präsentationen.
- Die Botschaft muss sein: Um die Veränderung zu erzielen, benötigen wir Eure Unterstützung.

Schritt 3: Vision und Strategie entwickeln (Form a Strategic Vision and Initiatives)

Nach dem Start-Schuss und dem Rekrutieren der Botschafter muss nun genau definiert werden, wo man hinmöchte. Wie sieht es aus, wenn die Veränderung vollzogen ist? Je visionärer man diese Geschichte erzählt, desto packender ist sie für die Beteiligten. Diese Geschichte darf durchaus sehr emotional sein.

Das Kommunikationsziel dieses Schrittes: eine klare Vision und Strategie für die Veränderung entwickeln.

- Die Zielgruppe dieses Schrittes: ausgesuchte Mitarbeiter, insbesondere Führungskräfte, also die Botschafter.
- Mögliche Kommunikationsmittel dieses Schrittes: Präsentation der Vision zur Weiterentwicklung, schriftliche Dokumente, Workshops.
- Die Botschaft muss sein: Ihr seid die Meinungsträger dieses Unternehmens, wir benötigen Eure Unterstützung um die notwendige Veränderung zu erzielen.

Schritt 4: Vision kommunizieren (Communicate the Change Vision)

Wenn die Geschichte definiert ist, muss sie erzählt werden. Immer und immer wieder. Die Technik der ‚gesprungenen Schallplatte' ist auch hier sehr hilfreich. Je häufiger man die neue Strategie und Vision hört, desto eher wird sie sich in den eigenen Gedanken verankern. Zum Verbreiten werden neben den Führungskräften auch die Botschafter eingesetzt.

Das Kommunikationsziel dieses Schrittes: die Vision und die Strategie vermitteln und für Verständnis sorgen.

- Die Zielgruppe dieses Schrittes: alle Mitarbeiter.
- Mögliche Kommunikationsmittel dieses Schrittes: Meetings, ggf. Townhall-Meetings (also Treffen aller Mitarbeiter) interne Website, Newsletter.
- Die Botschaft muss sein: Das ist unsere Vision, unsere Ziele, und diese Nutzen werden wir dadurch erzielen für die Organisation und Euch, die Mitarbeiter. Wenn in der Unternehmens-Vision auch Bezug auf die Gesellschaft genommen wird, muss auch sie hier eine Rolle spielen.

Schritt 5: Handlungsmöglichkeiten schaffen (Empower Action)

Nun hat man das Warum erklärt und das Wie und Wann. Man hat Botschafter gefunden und auf den Weg gebracht. Alle Mitarbeiter haben die Veränderung begonnen. Nun gilt es, loszulassen. Es wird Mitarbeiter, Führungskräfte und Botschafter geben, die die neue Situation begrüßen und schon in diesem Sinne agieren. Das muss erlaubt, gefördert und sichtbar gemacht werden. Auch wenn nicht alle Aktivitäten dauerhaft sinnvoll sein werden: Hier gilt die gute Absicht mehr als das Ergebnis.

Das Kommunikationsziel dieses Schrittes: Mitarbeiter dazu befähigen, die Veränderung umzusetzen.

- Die Zielgruppe dieses Schrittes: alle Mitarbeiter.
- Mögliche Kommunikationsmittel dieses Schrittes: Schulungen, Workshops, Informationsveranstaltungen.
- Die Botschaft muss sein: Wir stellen Euch die notwendigen Ressourcen und unsere Unterstützung bereit, um die Veränderung erfolgreich umzusetzen.

Schritt 6: Kurzfristige Siege erzielen (Generate Short-Term Wins)

Das Ausprobieren des letzten Schritts hat sicherlich zu einigen Erfolgsgeschichten geführt. Die gilt es nun so sichtbar wie möglich zu machen. Die Veränderung ist möglich, und sie bringt Vorteile!

Das Kommunikationsziel dieses Schrittes: Erfolge in kleinen Schritten feiern und kommunizieren.

- Die Zielgruppe dieses Schrittes: alle Mitarbeiter.
- Mögliche Kommunikationsmittel dieses Schrittes: Erfolgsberichte, Anerkennung und Belohnungen. Alle Medien, durch die Erfolgsgeschichten sichtbar gemacht werden können.
- Die Botschaft muss sein: Seht her, wir haben die ersten Erfolge erzielt! Ihr macht das wunderbar, weiter so!

Sollte die Veränderung nun einen Stand erreicht haben, bei dem es auch möglich und sinnvoll erscheint, die Öffentlichkeit zu unterrichten, wären diese Erfolgsgeschichten auch dafür geeignet. Kunden, Lieferanten und die betroffenen Gesellschaftsgruppen können so am Erfolg teilhaben.

Schritt 7: Nachhalten (Sustain Acceleration)

Oft entsteht die Versuchung, nach ersten Erfolgserlebnissen aufzuhören und die weitere Umsetzung als gegeben anzunehmen. Deswegen ist es wichtig, nach den ersten Erfolgen nicht aufzugeben, sondern gemäß Plan weiterzumachen.

Es gibt hier eine gute Übung, die ich bei Veranstaltungen zum Thema Veränderungen mache: Jeder soll seine Arme vor dem Körper verschränken. Dies macht jeder Mensch auf die ihm eigene Art. Danach fordere ich auf, nun die Arme genau andersherum zu verschränken. Das fühlt sich für viele ungewohnt an. Nach dem Ausschütteln der Arme bitte ich, die Arme wiederum zu verschränken. Die meisten verschränken sie wieder so wie zu Beginn. Das zeigt deutlich, dass eine einmalige Änderung noch keine Ver-Änderung bewirkt. Somit muss auf Kontinuität und Routinierung geachtet werden.

Das Kommunikationsziel dieses Schrittes: die Veränderung dauerhaft in der Organisation verankern.

- Die Zielgruppe dieses Schrittes: alle Mitarbeiter.
- Mögliche Kommunikationsmittel dieses Schrittes: Follow-up-Meetings, Feedback-Mechanismen, Schulungen.
- Die Botschaft muss sein: Wir haben viel erreicht. Lasst uns nicht nachlassen, das komplette Potenzial dieser wundervollen Veränderung auszuschöpfen!

Schritt 8: Veränderung in der Unternehmenskultur verankern (Institutionalize Change)

Es ist von immenser Wichtigkeit, die Veränderungen im gesamten Zusammenhang zu verankern. Dies gilt genauso für die Abläufe und Prozesse wie für die Kultur. Wenn die Veränderung nicht ausreichend verankert und verinnerlicht wird, wird das Unternehmen schnell wieder zur ursprünglichen Form zurückkehren.

Das Kommunikationsziel dieses Schrittes: die Veränderung als Teil der Unternehmenskultur etablieren.

- Die Zielgruppe dieses Schrittes: alle Mitarbeiter.
- Mögliche Kommunikationsmittel dieses Schrittes: Kulturveränderungsinitiativen, Feiern und Anerkennung.
- Die Botschaft muss sein: Wir haben es geschafft! Lasst uns dafür sorgen, dass die Veränderung Teil unserer Unternehmens-DNS wird.

Die Kommunikation muss stetig und kontinuierlich passieren. Sie muss auf die Bedürfnisse und Fragen der Mitarbeiter eingehen. Ein erfolgreicher Kommunikationsplan sollte auch flexibel genug sein, um auf unerwartete Herausforderungen und Feedback zu reagieren.

Beratungs-Projekte

Wir haben also jetzt die notwendigen Schritte für ein erfolgreiches Change-Management und der dazugehörigen Kommunikation beleuchtet. Nun legen wir die Schritte eines erfolgreichen Beratungs-Projekts daneben. Beide Parteien, das externe Berater-Team sowie das interne Projekt-Team, sollten am besten in Vollzeit am Projekt arbeiten und sich voll und ganz dem Projekt verschreiben. Das Top-Management hat hier auch eine aktive Rolle mit entsprechender Zeit-Verfügbarkeit zu spielen, neben der ständigen Aufgabe, als Rollen-Modell zu fungieren.

Der Standard für ein gutes Beratungsprojekt umfasst 9 Schritte:

1	Definition der Ziele und des Umfangs
2	Auswahl des Berater-Teams
3	Projekt-Planung
4	Datenerfassung und Analyse
5	Diagnose und Problem-Identifikation
6	Entwicklung von Lösungen
7	Implementierung
8	Evaluierung und Anpassung
9	Abschlussbericht und Präsentation

Bild 17.

Schritt 1: Definition der Ziele und des Umfangs

Hier steht man noch am Anfang der gemeinsamen Arbeit. Somit kann noch nicht davon ausgegangen werden, dass alle Begriffe und Aktionen auf beiden Seiten gleich interpretiert werden. Also muss eindeutig festgelegt werden, was das Ziel ist, wie es aussieht und wie es gemessen werden soll.

Auch muss festgelegt werden, ob und welche Bereiche ausgeschlossen werden sollen. Die müssen im späteren Verlauf wiederum genau betrachtet werden. Dazu mehr in Schritt 8.

Sollten bereits Ereignisse oder Projekte bekannt sein, die mit diesem Projekt interferieren, muss genau definiert werden, wie damit umgegangen werden soll. Andere Hauptprobleme oder Herausforderungen, die gelöst werden müssen, sollten auch erfasst und angegangen werden.

Schritt 2: Auswahl des Berater-Teams

Sobald Sie den Berater ausgewählt haben, wird, wenn es der Projekt-Umfang verlangt, ein externes Berater-Team zusammengestellt. In diesem Team sollte es ausreichend viele ‚Vernetzer' und ‚Botschafter' geben, die sicherstellen, dass die Arbeit des Projekt-Teams quasi online mit den Unternehmensabläufen und den Mitarbeitern überprüft wird. Deswegen ist es meist zielführender, ein Team sowohl aus externen Beratern als auch aus internen Mitarbeitern zusammenzustellen. Wichtig ist in jedem Fall ein Team aus Menschen zu organisieren, die über die erforderlichen Fähigkeiten und Erfahrungen verfügen. Diese Team-Mitglieder sollten die für das Projekt benötigte Zeit aufwenden können. Beachten Sie dabei auch die Diversität und Expertise der Team-Mitglieder, um verschiedene Perspektiven und Lösungsansätze zu gewährleisten.

Schritt 3: Projekt-Planung

In der Detailplanung werden alle notwendigen Schritte, Meilensteine, benötigten Ressourcen und der angepeilte Zeitrahmen festgehalten. Hier werden auch die Verantwortlichkeiten sowie klare Rollen festgelegt. Diese Detailplanung dient auch als Lackmus-Test, um festzustellen, ob man für die vorgenommene Arbeit wirklich die richtigen Kompetenzen und Verfügbarkeiten hat.

Schritt 4: Datenerfassung und Analyse

Viele Beratungsprojekte beginnen mit der Ist-Analyse. Jedoch ist es meines Erachtens sinnvoller, erst zu definieren, wo man hinmöchte, um danach die Daten, die dafür relevant sind, zu erfassen. Somit werden nur alle relevanten Daten, Informationen und Dokumente, die für das Projekt benötigt werden, zusammengetragen. Die gesammelten Informationen werden genau analysiert, um die Situation zu verstehen und mögliche Lösungen zu identifizieren.

Schritt 5: Diagnose und Problem-Identifikation

In dieser Phase werden verschiedene Analysen durchgeführt. Zum einen natürlich eine auf das Ziel ausgerichtete SWOT Analyse: Strengths, Weaknesses, Opportunities und Threats, die das Unternehmen hat, werden genau untersucht. Die Betrachtung bezieht sich auf das gewünschte Ziel: welche Stärken hat das Unternehmen, die die Erreichung befördern? Welche Schwächen könnten den Erfolg beeinträchtigen? Welche Chancen ergeben sich aus den betrachteten Umfeld-Faktoren, die man für sich nutzen kann? Welche Herausforderungen wird das Umfeld hervorbringen, die es zu bewältigen gilt, um den Erfolg nicht zu gefährden?

Bild 18.

Dann werden auch unterschiedliche Einflussfaktoren analysiert. Hier geht es um äußere Faktoren, wie zum Beispiel die Elemente, die bei PESTEL untersucht werden. Aber auch Industrie-Trends, Wirtschafts-Trends, Mega-Trends, alle Trends, die einen Einfluss auf das Unternehmen und auf das Ziel ausüben könnten, werden evaluiert.

Schritt 6: Entwicklung von Lösungen

Nun geht es darum, Lösungen zu entwickeln, wie auf Basis aller gegebenen und zu erwarteten Faktoren das Ziel erreicht werden kann. Es werden unterschiedliche Lösungsansätze bzw. Szenarien entwickelt. Für jedes Szenario werden alle Vor- und Nachteile aufgeführt sowie die Annahmen bezüglich der Gegebenheiten festgehalten.

Schritt 7: Implementierung

Hier geht es bei vielen Beratungen in die ‚Just do it!' Phase über. Jetzt wird gemäß festgelegtem Plan umgesetzt. Der Einsatz des Beraters ist hier nach wie vor sehr wichtig, denn in den meisten Fällen ist er am tiefsten im Thema und hat somit alle Unwägbarkeiten auf dem Schirm. Schritt für Schritt sollte der Detail-Plan umgesetzt werden. Da immer alles anders kommt, als erwartet, muss meist bei jedem Meilenstein überprüft werden, ob man noch auf dem richtigen Weg ist.

Schritt 8: Evaluierung und Anpassung

Sollte bei einer Überprüfung festgestellt werden, dass man vom geplanten Weg abgewichen ist, gibt es zwei Möglichkeiten der Anpassung: Entweder man verändert den Weg, um doch noch zum angepeilten Ziel zu gelangen; oder man führt den eingeschlagenen Weg fort und passt das Ziel an. Hier zeigt sich, warum die unterschiedlichen Szenarien so wichtig sind: Manchmal wird auf dem Weg zum Ziel ein anderes Szenario sinnvoller, und somit zum neuen Ziel. Deswegen sollten unterschiedliche Szenarien mit allen Implikationen entwickeln werden.

Am Ende der Umsetzung sollten alle die Faktoren, die im ersten Schritt ausgeschlossen wurden, überprüft werden. Oft sind sie doch auf die ein oder andere Art durch das Projekt beeinflusst worden. Somit könnten hier am Ende des Projekts noch zusätzliche Anpassungsprojekte entstehen, um eine nachhaltige Veränderung zu gewährleisten.

Schritt 9: Abschlussbericht und Präsentation

Wenn das Ziel erreicht ist, wird ein kompletter Abschlussbericht erstellt. Das stellt sicher, dass alle vorgenommenen Schritte und Überlegungen dokumentiert werden. Somit hat zum einen der Berater ein Dokument, mit dem er seine Vorgehensweise und den Erfolg belegen kann, und zum anderen der Unternehmer eine Art Gebrauchsanleitung, wie er ähnliche Projekte vielleicht in der Zukunft mit weniger externer Unterstützung durchführen kann.

Just do it! ist kein Motto für erfolgreiches Integrieren – ohne nachhaltiges Einbetten fährt man gegen die Wand

Wir haben darüber bereits im letzten Kapitel gesprochen: Einbetten ist ein Muss! Da dies aber trotzdem bei den meisten Projekten vernachlässigt wird, widme ich dem Thema ein gesondertes Kapitel.

Es gibt einige bekannte Beispiele für gescheiterte Transformationen aufgrund fehlender Einbettung:

- Im Jahr 2000 fusionierten der Internetdienstleister AOL und das Medienunternehmen Time Warner zu AOL Time Warner. Die Fusion sollte eine Symbiose zwischen dem aufstrebenden Internetgeschäft und den etablierten Medieninhalten schaffen. Allerdings waren die beiden Unternehmen kulturell und strategisch nicht gut aufeinander abgestimmt, und die Fusion führte zu massiven Verlusten und Streitigkeiten, was zu einem erheblichen Wertverlust der

fusionierten Firma führte. – Hier hätte ein Projekt geholfen, das neben der Realisierung der Synergien auch die Gestaltung einer neuen Kultur angegangen wäre. Diese hätte dann fest verankert werden müssen.
- Die Fusion von Daimler-Benz (Deutschland) und Chrysler (USA) im Jahr 1998 sollte Synergien in der Automobilindustrie schaffen und eine globale Präsenz stärken. Jedoch führten kulturelle Unterschiede und Managementprobleme zu erheblichen Reibungen und Verlusten in den folgenden Jahren. Die beiden Unternehmen trennten sich schließlich, und Chrysler wurde später an Cerberus Capital Management verkauft. – Hier gilt wiederum: Synergien allein reichen nicht aus. Es muss eine neue Kultur geschaffen und eingebettet werden.
- Im Jahr 1998 übernahm der Computerhersteller Compaq das Unternehmen DEC, das in der Computer- und Mikroprozessorbranche tätig war. Obwohl die Übernahme strategisch Sinn ergab, kam es zu Schwierigkeiten bei der Integration der Geschäftsstrukturen und der Technologie. Compaq konnte die erwarteten Synergien nicht erzielen, und dies führte zu finanziellen Verlusten und betrieblichen Problemen. – Wiederum die fehlende Einbettung der Kultur.

Diese Beispiele zeigen, wie fehlende Einbettung und mangelnde Abstimmung zwischen fusionierten Unternehmen zu erheblichen Herausforderungen und Verlusten führen können. Es ist meist die Kultur, die nicht mit einbezogen wird. Wahrscheinlich denkt der ‚Große', die ‚Kleinen', die übernommen wurden, werden sich schon anpassen. Aber auch der ‚Große' ist ein anderer geworden. Er hat jetzt mehr Mitarbeiter, vielleicht mehr Standorte, mehr Produktions-Anlagen, mehr von allem, was eine Zusammenarbeit umgestaltet. Dies bewirkt einen Einfluss auf die Kultur, die ja das Zusammenarbeiten beschreibt.

Es braucht aber keine Fusion, um große Veränderungsprozesse zu durchlaufen. Manchmal sind es einfach veränderte Umstände und Gegebenheiten. Der Markt hat sich verändert. Das muss allerdings erkannt werden. Passiert leider nicht immer … Und ein dann definiertes Projekt muss gut aufgesetzt werden. Es gibt also mehrere Möglichkeiten zu scheitern. Entweder wird durch die Leitung ein Trend nicht erkannt (siehe Nokia oder Kodak), oder ein gutes Projekt wird nicht erfolgreich durchgeführt, weil es nicht gut organisiert war.

Ich habe einmal ein Offshoring Projekt begleitet. Alle Tätigkeiten, die direkten Kundenkontakt hatten, wurden dezentralisiert, um nahe beim Kunden zu sein. Alle Tätigkeiten, die keinen direkten Kundenkontakt hatten, wurden in Mumbai, Indien, zentralisiert. Nach der erfolgreichen Einführung bewies das Kunden-Feedback, dass diese Arbeitseinteilung reibungslos funktionierte. Erst nach ein paar Monaten kamen vereinzelte Kunden-Stimmen auf, die sich darüber beschwerten, dass sie plötzlich auf Order-Stopp gesetzt wurden: Wenn eine Rechnung nicht bezahlt war, hat diese Firma automatisch die nächste Lieferung an den säumigen Kunden gestoppt. Nachforschungen ergaben, dass hier die Kommunikation zwischen Vertrieb und Kredit-Abteilung unterbrochen war. Der Vertrieb war kein Teil des Projekts gewesen, weil er bereits dezentral organisiert war. Bisher hatten die Mitarbeiter aber die Kredit-Abteilung in der Kantine getroffen oder eben im Nebenraum besucht. Dabei wurde dann auf dem informellen Dienstweg über die Kunden gesprochen. Da konnte bereits einiges geklärt werden. So wurde entweder der Kredit-Abteilung erklärt, dass ein kostenloses Muster fälschlicherweise berechnet wurde – und somit nicht als unbezahlt deklariert werden sollte. Oder aber die Kredit-Abteilung konnte dem Vertrieb mitteilen: Pass auf, der Kunde verzögert die Bezahlung, da scheint es Probleme zu geben. Auf jeden Fall konnte hier schnell reagiert werden. Nun saßen die Abteilungen nicht nur räumlich getrennt, sondern auch in unterschiedlichen Zeitzonen. Was früher informell und nebenbei passierte, musste nun durch zusätzliche Meetings sichergestellt werden. Dafür wurde die Kapazität beider Abteilungen entsprechend angepasst. Ein typisches Beispiel von suboptimaler Einbettung.

Neben der Einbettung ist aber auch das Verhalten der Top-Führungskräfte schlüsselhaft. Wie wichtig das perfekte Engagement der Führungsriege und das des CEOs ist, zeigen diese Beispiele:

- John Sculley war CEO von Apple von 1983 bis 1993. Er wurde aufgrund von Differenzen mit Steve Jobs und schlechter Unternehmensleistung entlassen. – Hier hätte wahrscheinlich eine neue Kultur, die weniger auf die Person von Steve Jobs aufgebaut war, geholfen.
- Carly Fiorina war CEO von Hewlett Packard von 1999 bis 2005. Sie wurde entlassen, nachdem sie die Fusion mit Compaq vorangetrieben hatte und das Unternehmen weiterhin schlechte finanzielle Ergebnisse erzielte. – Vielleicht war die Fusion nicht erfolgreich durchgeführt worden, und keine neue Kultur eingebettet.
- Nachdem er nur wenige Monate als CEO von HP tätig war, wurde Leo Apotheker 2011 aufgrund von schlechten finanziellen Ergebnissen und strategischen Entscheidungen entlassen. – Wären bei den auf die Entscheidungen folgenden Projekten alle Schritte durchlaufen worden, wäre hier vielleicht ein anderes Ergebnis erzielt worden.
- John Flannery war CEO von General Electric in den Jahren 2017 bis 2018. Er wurde entlassen, nachdem er das Unternehmen nicht in der gewünschten Weise restrukturieren konnte. – Vielleicht war das Unternehmen noch zu sehr geprägt von Jack Welsh, um John Flannery den Raum zu bieten, Veränderungen erfolgreich umsetzen zu können. Auch wenn die Zeit von Welch bereits lange zurück lag.

Gerade bei Unternehmen, deren Kultur durch die Person des CEO geprägt ist, muss bei Veränderungen sehr intensiv daran gearbeitet werden, die Kultur loszulösen und auf andere Werte und Elemente umzulenken. Je charismatischer der CEO, desto packender muss das neue Narrativ, das Bild der Zukunft sein.

Die speziellen Unternehmenssituationen:

Bisher haben wir uns mit dem Thema Strategie-Definition, Veränderung und Transformation, Umsetzung, Einbettung im Generellen beschäftigt. Nun möchte ich auf 3 unterschiedliche Unternehmenssituationen eingehen: Start-Ups, neue Geschäftsbereiche und Fusionen.

Vom Start-up zum Scale-up

Es gibt verschiedene Studien und Statistiken bezüglich der Erfolgsquote von Start-ups. Die Aufbau-Phase beläuft sich auf 3–5 Jahre. Angeblich sind die meisten der Start-ups dann bereits insolvent. Die, die es geschafft haben, entwickeln sich zum Scale-up und werden erwachsen. Das Zukunftsinstitut gab 2016 Gründe für das Scheitern von Start-ups an (die entsprechende Grafik ist nicht mehr verfügbar und wurde deswegen abgezeichnet).

Warum Start-Ups scheitern

Wenn ein Start-Up in Silicon Valley scheitert, veröffentlichen die Gründer meist ein Post-Mortem-Essay, um der Start-Up-Community zu erzählen, was schiefgelaufen ist. CB Insights hat 135 dieser Geschichten analysiert und die häufigsten Ursachen des Scheiterns zusammengefasst. Geldmangel ist dabei gar nicht so relevant.

Bild 19.

Wenn man diese Gründe versucht zu clustern, bleiben 3 Hauptbereiche übrig: Strategie, Mensch, Struktur. Über die Strategie haben wir bereits gesprochen, also konzentrieren wir uns hier auf den Menschen, und da besonders auf die Person des Gründers und sein Team sowie die Struktur.

Ein Start-upper ist keine eierlegende Wollmilchsau – Nicht jeder Gründer muss CEO werden

Wir alle kennen Easy-Jet. Eine britische Gesellschaft und eine der größten Billigfluggesellschaften in Europa. Sie wurde 1995 von Sir Stelios Haji-Ioannou gegründet. Der Name ‚EasyJet' leitet sich von dem Begriff ‚easy' ab, der für einfache und erschwingliche Flugreisen steht. Alles easy!

Sir Stelios Haji-Ioannou ist ein griechisch-zypriotischer Unternehmer. Er wurde 1967 in Athen, Griechenland, geboren und wuchs in einer wohlhabenden Familie auf. Er studierte an der London School of Economics und gründete EasyJet im Alter von 28 Jahren.

EasyJet begann als kleines Unternehmen mit einem einzigen Flugzeug, das zwischen London Luton und Glasgow pendelte. Das Unternehmen wuchs jedoch schnell und erweiterte sein Streckennetz und seine Flotte. Heute betreibt EasyJet Hunderte von Flugzeugen und bedient zahlreiche Destinationen in ganz Europa. Dabei wird darauf geachtet, dass die Flugzeuge alle vom gleichen Typ sind, um die Kosten zu kontrollieren.

Sir Stelios Haji-Ioannou spielte eine wichtige Rolle bei der Entwicklung und dem Erfolg von EasyJet. Seine Vision, Flugreisen erschwinglich zu machen und den Kunden eine einfache und bequeme Möglichkeit zu bieten, zu reisen, half, das Geschäftsmodell der Billigfluggesellschaft zu etablieren.

Seit seinem Ausscheiden hat er bereits 16 weitere Unternehmen gegründet. Seine Stärke ist also das Starten, nicht das Bewahren eines Unternehmens. Stelios ist sich seiner Kompetenz und Stärke vollauf bewusst und setzt sie dort ein, wo sie notwendig ist. Sobald ein Unternehmen läuft, gibt er es an einen ‚Bewahrer' ab.

Dieser Gründer weiß also, welche Stärken und Schwächen er hat, und setzt diese erfolgreich im Unternehmen ein.

Es gibt aber auch weniger erfreuliche Beispiele: Segway ist ein persönliches Transportmittel, das als ‚Self-Balancing Electric Transporter' bezeichnet wird und ursprünglich als revolutionäre Erfindung gefeiert wurde.

Die Idee für den Segway stammte von dem US-amerikanischen Ingenieur und Erfinder Dean Kamen. Er enthüllte den Segway Human Transporter (HT) im Jahr 2001 und präsentierte ihn als eine bahnbrechende Technologie, die die städtische Mobilität revolutionieren könnte. Der Segway war ein elektrisch angetriebenes Transportmittel, das sich durch eine ausgeklügelte Technologie selbst ausbalancierte, indem es die Bewegungen des Fahrers erkannte und darauf reagierte.

Die Erwartungen an den Segway waren hoch, und es wurde prognostiziert, dass er die Art und Weise, wie Menschen sich in Städten fortbewegen, verändern würde. Leider haperte es an der Kommerzialisierung. Obwohl einige Exemplare verkauft wurden, blieb die Nachfrage weit hinter den ursprünglichen Prognosen zurück. Dabei spielte auch eine Rolle, dass der Erfinder immer weiter optimieren wollte und somit kein wirklich massenfähiges marktreifes Produkt entstand.

Eine Kombination aus hohen Kosten, begrenzter Reichweite, öffentlichem Skeptizismus und regulatorischen Herausforderungen verhinderte den Erfolg des Segway. Es wurde oft als teures und unnötiges Gadget angesehen, das keine praktische Lösung für die städtische Mobilität bot.

Bild 20.

Im Jahr 2010 ereignete sich darüber hinaus ein schrecklicher Vorfall, der das Image von Segway weiter beeinträchtigte und das Unternehmen in die Schlagzeilen brachte. James W. Heselden, ein wohlhabender Geschäftsmann und neuer Eigentümer des Segway-Unternehmens, verunglückte tödlich, als er mit einem Segway in den Fluss Wharfe in England stürzte.

Dieser tragische Unfall beschädigte das Image von Segway weiter, und das Unternehmen kämpfte mit finanziellen Problemen. Trotz mehrerer Versuche, das Image und die Verkäufe zu verbessern, gelang es dem Segway nie, den erwarteten kommerziellen Erfolg zu erzielen.

Im Jahr 2020 wurde schließlich angekündigt, dass die Produktion des Segway HT eingestellt wird. Die Marke wurde vom chinesischen Unternehmen Ninebot übernommen, das weiterhin Elektroroller und andere Mobilitätslösungen unter dem Namen Segway herstellt. Der ursprüngliche Segway wird heute weder produziert noch angeboten, auch wenn man sie vereinzelt in Städten zu Gesicht bekommt.

Was hat dazu geführt, dass nicht der Segway, sondern der E-Scooter den Platz übernommen hat, den Dean Kamen für sein Produkt gesehen hatte? Der Erfinder hat sein Produkt immer weiterentwickelt und so den Übergang von der Kleinst- zur Standard-Produktion verhindert. Da die Zielgruppe nicht genau definiert war (als Berater waren zum Beispiel Jeff Bezos und Steve Jobs bereits uneinig, wo das Produkt lanciert werden sollte), konnte auch keine gezielte Vermarktung geschehen. Da sich die Entwicklung sehr lange hinzog, drangen geheime Informationen über das Produkt in die Öffentlichkeit zu einem Zeitpunkt, wo das Produkt noch nicht den erwünschten Effekt erzielen konnte. Das Team, mit dem sich Dean Kamen umgeben hatte, war ebenfalls den Anforderungen nicht gewachsen und musste ausgetauscht werden.

Viele Faktoren haben hier zusammen den Erfolg verunmöglicht. Strategie, Menschen und auch Strukturen gehörten dazu. Wenn Dean Kamen sich rechtzeitig mit einem für die Herausforderung perfekt zusammengestellten Team umgeben hätte, hätte der Segway durchaus ein großer Erfolg werden können. Statt sich auf Lobbying, Marketing, genauer Definition der Strategie zu konzentrieren, hat Kamen lieber weiterentwickelt.

Es gibt leider weitere Beispiele von Unternehmen, bei denen das Scheitern oder die Probleme direkt mit der Persönlichkeit des Gründers, der zum CEO wurde, in Verbindung gebracht werden.

- Das Unternehmen Theranos, ein Medizintechnik-Start-up, wurde von Elizabeth Holmes gegründet. Sie behauptete, eine revolutionäre Technologie zur Durchführung umfangreicher Bluttests mit nur wenigen Tropfen Blut entwickelt zu haben. Allerdings stellte sich später heraus, dass die Technologie nicht funktionierte, und Holmes wurde des Betrugs angeklagt. Ihr übertriebenes Selbstvertrauen und ihre Tendenz, Kritik zu ignorieren, trugen maßgeblich zum Untergang des Unternehmens bei.
- WeWork war ein Start-up für gemeinsam genutzte Arbeitsräume, das von Adam Neumann gegründet wurde. Neumann wurde für seinen extravaganten Lebensstil und seine fragwürdigen Geschäftsentscheidungen bekannt. Zum Beispiel wird im persönliche Bereicherung nachgesagt. Das Unternehmen hatte Schwierigkeiten, profitabel zu werden, und seine Börsengang-Pläne wurden abgesagt, was zu einem massiven Wertverlust führte.

Ein Gründer muss eine Idee haben. Oft sind diese Ideen Produkte, Prozesse oder Ähnliches. Also sind die Gründer Experten in diesen Bereichen: Ingenieure, IT-Experten, Designer etc. Die meisten Gründer haben eine ganz spezielle Qualifikation. Die wenigsten Gründer sind dazu auch noch begnadete Geschäftsführer und Unternehmer.

Die oben gezeigte Infografik zeigt verschiedene Gründe, wieso ein Start-up scheitern könnte. Es gibt jedoch keine Untersuchungen darüber, welche Rolle die Persönlichkeit und das Kompetenzprofil des Gründers spielen. In meiner Praxis nehmen diese Komponenten eine maßgebliche Rolle ein.

Obwohl es einige gemeinsame Merkmale zwischen einer Gründer-Persönlichkeit und einer CEO-Persönlichkeit gibt, existieren auch deutliche Unterschiede in ihren Rollen und Verantwortlichkeiten:

Eine Gründer-Persönlichkeit sollte sein:

- Visionär: Ein Gründer zeichnet sich dadurch aus, dass er eine Idee oder Vision für ein neues Unternehmen hat. Er ist oft die treibende Kraft hinter der Gründung und hat eine klare Vorstellung davon, wohin das Unternehmen gehen soll.
- Risikobereit: Gründer sind in der Regel bereit, große Risiken einzugehen, um ihre Vision zu verwirklichen. Sie sind oft von Natur aus unternehmerisch und können Unsicherheiten akzeptieren, um ihr Geschäft aufzubauen.
- Kreativ und innovativ: Gründer sind oft die Quelle für innovative Ideen und Konzepte. Sie können neue Ansätze entwickeln und bestehende Geschäftsmodelle in Frage stellen, um etwas Einzigartiges und Erfolgreiches zu schaffen.
- Unternehmerisch: Gründer sind oft mit einem Pioniergeist ausgestattet und haben die Fähigkeit, aus dem Nichts etwas zu schaffen. Sie sind daran gewöhnt, in einem sich schnell ändernden Umfeld zu arbeiten, und oft bereit, auf unkonventionelle Weise vorzugehen.

Bild 21.

Eine CEO-Persönlichkeit sollte beherrschen:

- Operatives Management: CEOs konzentrieren sich auf die effektive Führung und Verwaltung des Unternehmens. Sie sind verantwortlich für die Umsetzung der Vision des Unternehmens und die Erreichung der strategischen Ziele.
- Risikomanagement: Während Gründer oft bereit sind, große Risiken einzugehen, ist ein CEO verantwortlich für das Risikomanagement und die Sicherung der Nachhaltigkeit des Unternehmens. Das schränkt die Risikobereitschaft naturgemäß etwas ein.
- Teamführung: CEOs sind in der Regel erfahrene Führungskräfte, die Teams und Mitarbeiter effektiv führen können. Sie bauen ein starkes Management-Team auf und arbeiten eng mit ihnen zusammen, um das Unternehmen voranzubringen.
- Langfristige Strategie: CEOs haben oft eine langfristige Perspektive und entwickeln eine strategische Roadmap für das Unternehmen. Sie berücksichtigen die Markttrends, Wettbewerbslandschaft und Unternehmensziele, um das Unternehmen erfolgreich zu positionieren.
- Stakeholder-Management: CEOs sind mit verschiedenen Stakeholdern wie Investoren, Kunden, Partnern und der Öffentlichkeit in Kontakt. Sie müssen in der Lage sein, Beziehungen zu pflegen und das Vertrauen der Interessengruppen zu gewinnen.

Auch wenn wir davon ausgehen können, dass Gründer sicher lernfähig sind, wird sichtbar, dass die Kompetenzen und Aufgaben eines Gründers und eines CEO nur bedingt kompatibel sind. Viele Gründer wachsen sicher mit der Herausforderung und entwickeln einige Kompetenzen, die ihnen die Geschäftsführung ermöglichen.

Trotzdem stellt sich dem Gründer irgendwann die Frage, wo die eigene Leidenschaft liegt: im Innovieren oder im Leiten. Er muss sich entscheiden: Werde ich Chef und überlasse das Erfinden meinen Mitarbeitern, denen ich dann auch voll und ganz vertrauen muss. Oder bleibe ich Erfinder und akzeptiere, dass ein anderer CEO wird, der durchaus weisungsbefugt ist – auch mir gegenüber.

Beim Übergang vom Start-up zum Scale-up verändern sich die Anforderungen. Der Gründer muss sich entscheiden, wie es für ihn weitergeht. Bisher hat man an dem Thema oder am Produkt oder der Dienstleistung gearbeitet, das heißt, man hat, man könnte sagen, **im** Unternehmen gearbeitet. Jetzt kommt der Punkt, dass es jemanden geben muss, der **am** Unternehmen arbeitet, der sich mit den strategischen Themen auseinandersetzt, der überlegt, wo es hingeht, was man für neue Bereiche erobern möchte, welche Formen man annehmen möchte, welche neuen Kunden-Segmente man unter Umständen angehen kann, wo neue Investitionen herkommen. Alle diese strategischen Themen halten den Gründer davon ab, sich mit seinem Produkt zu beschäftigen, das heißt, er muss wirklich, um das Bild zu nehmen, aus der Garage raus.

Viele sind allerdings zu massiv mit ihrem Produkt oder ihre Dienstleistung verknüpft. Es ist quasi ihr Baby, so dass es für sie schwierig ist, wirklich loszulassen. Sie sind mehr oder weniger in ihr Produkt oder ihre Dienstleistung verliebt, müssen aber jetzt entscheiden, was das für Konsequenzen hat. Wenn sie das so weitermachen wollen, brauchen sie jemanden, den sie sich vor die Nase setzen. Sie brauchen dann einen CEO.

Eine Studie des Leibniz Zentrums für Europäische Wirtschaftsforschung untersuchte 2020, wie hoch die Erfolgschancen von bereits gescheiterten Gründern sind: *https://www.zew.de/das-zew/aktuelles/wer-als-gruender-in-einmal-scheitert-hat-auch-beim-naechsten-mal-schlechtere-karten* (Stand: 20.11.23)

„Eine erfolglose Unternehmensgründung wird in der Regel als wertvolle Erfahrung angesehen, deren Einsichten den gescheiterten Gründern/-innen bei ihrer nächsten Gründung zu mehr Erfolg verhelfen. Dies ist jedoch ein Trugschluss, wie eine aktuelle Studie des ZEW Mannheim gemeinsam mit dem Institut für Mittelstandsforschung (ifm) der Universität Mannheim zeigt. Vielmehr ist die Wahrscheinlichkeit, dass gescheiterte Gründer/innen mit weiteren Gründungen erneut scheitern, überdurchschnittlich hoch.

So liegt die Wahrscheinlichkeit, dass eine Neugründung von gescheiterten Gründern/-innen das erste Jahr überlebt, 3,8 Prozentpunkte unter der von Erstgründern/-innen. Sie ist sogar 6,5 Prozentpunkte niedriger, wenn Gründer/innen ihr voriges Unternehmen nicht freiwillig aufgaben, sondern Konkurs anmelden mussten. Im Falle eines Konkurses ist es außerdem um 3,9 Prozentpunkte wahrscheinlicher, dass sie auch mit ihrer Neugründung wieder Konkurs anmelden.

Die ZEW-Studie legt nahe, dass eine gescheiterte Unternehmensgründung das unterdurchschnittliche unternehmerische Können der Gründer/innen ausdrückt. Gescheiterte

Gründer/innen weichen bei vielen Merkmalen von Erstgründern/-innen ab, etwa bei ihrem Alter, Bildungsabschluss, Erfahrung mit Leitungsfunktionen, aber auch bei der Branche der Neugründung. ‚In unserer empirischen Analyse haben wir alle diese Unterschiede kontrolliert und gezeigt: Sie sind nicht ausschlaggebend dafür, dass neu gegründete Unternehmen von gescheiterten Gründern/-innen seltener überleben als die von Erstgründern/-innen. Grund scheint vielmehr zu sein, dass es gescheiterten Gründern/-innen im Durchschnitt an unternehmerischem Geschick mangelt', sagt Dr. Sandra Gottschalk, eine der Autorinnen der Studie und Wissenschaftlerin im ZEW-Forschungsbereich, Innovationsökonomik und Unternehmensdynamik'."

Aus dieser Studie ist indirekt abzuleiten, dass ein Gründer oft nicht die notwendigen Kompetenzen mit sich bringt, um ein Unternehmen erfolgreich zu leiten.

Ich habe mich zu diesem Thema mit Charles Churet unterhalten. Herr Churet ist Gründer & Präsident der Oyat Invest AG.

Bild 22.

Charles Churet

Charles Churet ist Absolvent der ISG Institut Supérieur de Gestion in Paris. Er arbeitete über 32 Jahre bei Dow Chemical. Im Jahr 2008 erwarb er notleidende Vermögenswerte und baute das Geschäft organisch und durch mehrere Akquisitionen zu Axson aus. Im Jahr 2015 wurde die Geschäftseinheit an Sika, PPG und Maeder verkauft. Er leitete ab dann die Oyat Invest AG, sein Family Office. Heute beaufsichtigt Charles Churet die gesamte Anlagestrategie von Oyat Invest und nimmt eine aktive Rolle in der Verwaltung der direkten Private-Equity-Beteiligungen ein. Die Oyat Invest AG besitzt 100 % des Aktienkapitals der Oyat Advisors GmbH und ist einer der Hauptinvestoren des Oyat Investment Fund.

Interview (ins Deutsche übersetzt):

SK: Herr Churet, was sind für Sie als erfahrener Investor die Schlüsselkriterien, auf die Sie sich bei der Auswahl eines Start-ups, in das Sie investieren möchten, stützen?

CC: Für mich ist es wichtig, dass mich die Idee begeistert und dass die Gründer mir ihre Leidenschaft für das Projekt demonstrieren und mit mir teilen. Es muss sich um ein Konzept, ein Produkt oder eine Dienstleistung handeln, das/die einen Bedarf deckt und die Welt, in der wir alle leben werden, auf positive Weise beeinflusst. Das Konzept muss nicht revolutionär sein, aber es muss zumindest transformativ sein, um mich zu interessieren.

SK: *Welche Eigenschaften schätzen Sie besonders an einem Gründer?*

CC: Der Gründer muss mich von der Stichhaltigkeit seiner Analyse der Gelegenheit über die Idee selbst hinaus überzeugen. Also eine gründliche Kenntnis des Themas in Verbindung mit der Fähigkeit zur Synthese, um die ersten Elemente der Entwicklung und Validierung des Projekts, einschließlich der Fehler (die es immer gibt), und den Entwicklungsplan, der den Geschäftsplan und die geplanten Szenarien einschließt, zu präsentieren.

SK: *Bei einer Ihrer letzten Investitionen haben Sie beschlossen, sich vom Gründer zu trennen. Was hat der ‚neue' Geschäftsführer, was der Gründer nicht hatte?*

CC: Alle Start-ups durchlaufen eine kritische Übergangsphase, in der Regel nach der Validierung und zu Beginn der Entwicklungs-/Scale-up-Phase, in der die Organisation aufgebaut werden muss, der Ansatz wissenschaftlicher und strenger wird, die Prozesse strenger werden, kurz gesagt, man wechselt von einem kreativen Ansatz zu einem strengen wissenschaftlichen und industriellen Ansatz. Die Kompetenzen sind nicht die gleichen, um in jeder dieser Phasen erfolgreich zu sein. Manche Gründer verfügen über alle notwendigen Fähigkeiten und Erfahrungen, manchmal ist dies nicht der Fall und der Erfolg erfordert einen Wechsel der Führungsperson.

SK: *Welche weiteren Herausforderungen sehen Sie für die Unternehmen, in die Sie investiert haben?*

CC: Die größte Herausforderung für ein Start-up ist der Umgang mit der Zeit- und Finanzierungsgleichung, die sich schnell zu einer Herausforderung für Investoren entwickelt. Start-ups arbeiten an neuen Projekten und Ideen, bei denen es naturgemäß schwierig ist, die Zeit, die für die verschiedenen Phasen des Projekts benötigt wird, im Griff zu behalten. Gleichzeitig basiert die Finanzierung durch Investoren häufig auf dem Bedarf, der für das Erreichen des nächsten ‚major milestone' notwendig ist. Sobald das Timing aus dem Ruder läuft, gerät man sehr schnell in eine komplizierte Spirale, in der das Start-up eine zusätzliche Finanzierung finden muss, ohne nachweisen zu können, dass es das Ziel der vorherigen Finanzierung erreicht hat. Dies ist in der Regel recht kompliziert und kann einen übermäßigen Teil der Aufmerksamkeit und Energie des Managements auf Kosten des Projekts verbrauchen.

Gleichzeitig müssen in der Regel Talente angezogen und gehalten werden, die über die Fähigkeiten zur Durchführung des Projekts verfügen. Die Führungskraft muss in der Lage sein, ihren Enthusiasmus und ihre Leidenschaft trotz der Realität der finanziellen Unsicherheit, die für das Unternehmen bestehen kann, zu teilen.

Schließlich muss man in der Lage sein, eine rote Linie zu ziehen, jenseits derer es besser ist, das Projekt nicht weiter zu verfolgen, weil die Chancen oder Bedingungen für einen Erfolg nicht mehr akzeptabel sind. Das ist eine echte Herausforderung, denn wenn man sich für ein Projekt begeistert, es mit Leidenschaft verfolgt und in es investiert hat, ist es manchmal sehr schwer zu akzeptieren und zu entscheiden, es nicht weiter zu verfolgen. Aber so ist es nun einmal, wenn man in ein Start-up investiert.

SK: *Warum kann Ihnen eine Boutique-Beratung am besten helfen?*

CC: Kleine Beratungsunternehmen sind agiler und flexibler. Außerdem kennen sie die Situation eines Start-ups, da sie selbst ein kleines Unternehmen sind. Kleine Berater können sozusagen mit gutem Beispiel vorangehen: wie man ein Team zusammenstellt, wie man neue Themen anpackt, wie man in Szenarien denkt. PEOPLE & RESULTS hat dies bereits bei einigen meiner Investitionen sehr gut demonstriert.

***

Ein Gründer hat eine zündende Idee, die er umsetzt. Im Laufe der Zeit stoßen andere Personen hinzu, die ähnlich begeistert von der Idee sind. An einem Punkt sind es so viele Mitstreitende, dass man Strukturen einführen muss. Und es werden andere Kompetenzen benötigt, um das Unternehmen zu führen. Das ist der Moment, an dem der Gründer sich bezüglich seiner zukünftigen Rolle entscheiden muss: Bleibt er Daniel Düsentrieb oder wird er CEO und lässt andere für sich erfinden. Stelios hat das für sich so entschieden, dass er weiter erfindet und das Leiten einem anderen überlässt. Kamen hat versucht, beides zu machen, und hat damit Segway daran gehindert, durchzustarten.

Wie kann bei dieser Situation ein Berater helfen?

Ein unabhängiger Berater ist ausreichend objektiv, um feststellen zu können, ob der Zeitpunkt gekommen ist, die Rollen neu zu verteilen. Er bringt auch Erfahrung und sonstige Expertise mit, um die Organisations-Struktur zu gestalten. Zur Struktur kommen wir im nächsten Kapitel, hier fokussieren wir uns auf die Person des Gründers. Die wenigsten Start-ups haben bereits eine voll entwickelte Personal-Abteilung. Somit müssen derartige Themen von einem externen Experten bestritten werden. Ähnlich wie man einen CFO Chief Financial Officer, eine COO Chief Operations Officer, einen CTO Chief Technology Officer, vielleicht einen CIO Chief Information Officer, einen CCO Chief Commercial Officer benötigt, braucht man einen CHRO Chief HR Officer, um die Ressource Mensch zu gestalten. Man benötigt eine vollständig besetzte Geschäftsleitung.

Ein Berater hat ebenfalls die richtige Erfahrung, um bei der Auswahl der neuen Führungsmannschaft zu unterstützen: Wer passt zur Firma, wer lebt die Kultur, wer kann das Unternehmen weiterbringen, wer harmoniert mit dem Gründer ... Darüber hinaus ist ein Berater auch oft ausgebildeter, zertifizierter Coach, der dem Gründer beim Loslassen zur Seite stehen kann.

Auch sind Berater und besonders Interim Manager Meister im schnellen ‚Onboarden', sie sind also schnell in der Lage, sich in das Unternehmen und die Aufgabe einzuarbeiten. Wir kennen aus eigener Erfahrung, wie man schnell mit den unterschiedlichsten Charakteren gut zusammenarbeitet. Diese Kompetenz ist zwingend notwendig, wenn man beginnt, dem Gründer neue, gleichwertige Kolleginnen und Kollegen vorzustellen.

In meiner Praxis sehe ich häufig, dass der Gründer sehr gerne Menschen einstellt, die genauso ticken wie er selbst. Das birgt jedoch zwei Probleme in sich: Zum einen können diese Menschen das Gleiche wie der Gründer, und somit wahrscheinlich auch das Gleiche nicht. Der Gründer hat sich so vielleicht neue Freunde, aber nicht neue Kollegen eingestellt. Zum anderen möchten sich diese ‚Quasi-Gründer' auch genauso innovativ und kreativ einbringen wie der Gründer selbst. Da bin ich dann oft in meiner Funktion als Mediator gefordert, denn der ursprüngliche Gründer lässt diese neuen Mitarbeiter oft nicht wachsen und ihre Ideen einbringen.

Ich stelle meinen Kunden dann immer die Frage, ob sie weiter innovieren wollen (also sozusagen ein Stelios sind), oder ob sie jetzt ihrer Idee wirklich zum Fliegen verhelfen wollen (also CEO werden möchten). Diese Frage haben sich die meisten meiner Kunden noch nicht gestellt. Sie tut weh, weil man etwas loslassen muss. Wenn man das jedoch nicht tut, stirbt die Idee gleich mit.

Die Betreuung des Gründers bzw. des Gründer-Teams bezüglich ihrer eigenen Person, und bezüglich der Personen, die sie neu an Bord nehmen müssen, ist eine der wichtigsten Aufgaben von externen Beratern in dieser Phase.

Die meisten Start-ups scheitern an der Struktur, nicht am Produkt

Von Erfindungen, die es nicht geschafft haben, weil das Unternehmen falsch strukturiert war, gibt es nicht viel Dokumentation. Hier kann man vielleicht auch wiederum an Segway denken. Es gibt ein paar Start-ups, bei denen festgestellt wurde, dass die Organisationsstruktur das Problem war. Die sind zwar nicht so bekannt, aber vielleicht helfen die Beispiele trotzdem:

› Zirtual war ein virtuelles Assistenten-Unternehmen, das 2011 gegründet wurde und Assistenz-Dienstleistungen für Unternehmen und Einzelpersonen anbot. Das Unternehmen wuchs zu Anfang stark und wurde von Investoren massiv finanziell unterstützt. Allerdings geriet das Unternehmen später in Schwierigkeiten, hauptsächlich aufgrund einer unpassenden Organisationsstruktur:
  Zu einem bestimmten Zeitpunkt entschied sich Zirtual, seine virtuellen Assistenten als Angestellte einzustellen, anstatt sie als unabhängige Auftragnehmer zu behandeln. Dadurch waren sie gezwungen, Sozialleistungen, Krankenversicherung und andere Vorteile zu gewähren, was zu erheblichen zusätzlichen Kosten führte. Dieser Ansatz hat das Unternehmen finanziell überfordert. Im Jahr 2015 musste Zirtual abrupt den Betrieb einstellen und ließ seine Kunden und Angestellten überrascht und enttäuscht zurück.

Hier ging es also um eine Struktur, die zusammengeht mit einem Geschäftsmodell: Ein System von Freelancern wurde zu Festangestellten umfunktioniert.

- Yik Yak war eine Social-Media-Plattform, die anonyme Nachrichten von Nutzern in einem bestimmten geografischen Bereich anzeigte. Obwohl die App anfangs bei College-Studenten beliebt war, sah sich Yik Yak mit verschiedenen Problemen konfrontiert, darunter Mobbing und Belästigung auf der Plattform. Die Tatsache, dass die Nachrichten anonym verschickt wurden, ermutigten leider einige Nutzer, hier sehr ungebührend zu kommunizieren. Yik Yak hatte keine Möglichkeit, das zu kontrollieren und einzugreifen. Es fehlte eine effektive Organisationsstruktur, um die Inhalte zu moderieren und zu kontrollieren. Das führte letztendlich zum Niedergang von Yik Yak. Die Notwendigkeit, Experten für diese Themen einzustellen, wurde unterschätzt.
- Homejoy war ein Start-up, das Reinigungsdienste vermittelte. Obwohl es bei den Kunden beliebt war, hatte das Unternehmen Schwierigkeiten, seine Hausreiniger zu beschäftigen und zu binden. Homejoy betrachtete seine Reinigungskräfte als unabhängige Auftragnehmer. Das führte jedoch in mehreren Ländern zu Problemen, da es dort bestimmte rechtliche und regulatorische Anforderungen gab, die diese Struktur nicht duldeten. Somit entstanden rechtliche Probleme, die letztendlich zur Schließung des Unternehmens im Jahr 2015 führten. Hier wäre also im Gegensatz zu Zirtual eine Festanstellung der Reinigungskräfte die bessere Organisationsstruktur gewesen.
- Fab.com war ein E-Commerce-Start-up, das Designprodukte und Möbel verkaufte. Das Unternehmen wuchs zu Beginn sehr stark. Jedoch führte eine zu schnelle Expansion und fehlende Fokussierung zu finanziellen Herausforderungen. Die Organisationsstruktur von Fab.com erwies sich als nicht effizient genug, um die Betriebskosten zu bewältigen und rentabel zu sein. Das Unternehmen wurde schließlich im Jahr 2015 geschlossen.

Es ist wichtig, dass Start-ups ihre Organisationsstruktur sorgfältig planen und an die spezifischen Anforderungen und Ziele ihres Unternehmens anpassen, um effizient und erfolgreich zu agieren. Besonders Start-ups sollten hierbei auch die Geschäftsmodelle bzw. die Rechtsform mit betrachten. Auch die hat einen großen Einfluss auf die richtige Struktur.

In meiner Praxis erlebe ich es leider sehr häufig, dass sich keine Zeit für das Design und die Umsetzung einer Struktur genommen wird. Immer mehr Themen fallen durch die Maschen, neue Mitarbeiter müssen sich irgendwie zurechtfinden, ohne die an sie gestellten Erwartungen zu kennen. Wichtige Funktionen, wie Personal, aber auch das Marketing und der Vertrieb sowie die Produktion und Logistik werden meist viel zu spät besetzt.

Vielleicht ist es Ihnen auch aufgefallen: Bei vielen Start-ups, die in der ‚Höhle der Löwen' erfolgreich pitchen, ist das Produkt nach der Aussendung sofort ausverkauft. Dadurch gehen viele potenzielle Neukunden verloren. Hier wurde nicht rechtzeitig skaliert und geplant. Es wird in andere Themen investiert als daran, liefern zu können, sollte der Kunde mit Auftrag drohen.

Eines dieser Start-ups, das aufgrund fehlender Kompetenzen beinahe in die Knie gegangen ist, ist Sause. Das Unternehmen bot Seife in Tablettenform an. Mit Wasser in den eigens dafür entwickelten Spendern vermischt, entstand schöner reinigender Schaum. Als man skalierte, wurde der Lieferant gewechselt. Hier fehlte dann wohl ein Verpackungsingenieur. Denn der neue Lieferant war nicht in der Lage, die Spender so herzustellen, dass die Seife auch schäumte. Das hätte ein Experte bei der Auftragsvergabe geklärt, hätte es einen gegeben. Anstatt den Spender umzudesignen, wurde das Produkt umgestaltet auf Pulver. Das ist zwar eine kreative Lösung, wäre aber vermeidbar gewesen, wenn ein Experte die technischen Anforderungen an die Schaumentwicklung hätte beschreiben können.

Warum wählen Start-ups oft eine nicht passende Organisationsstruktur?

› **Unerfahrenheit der Gründer:** Viele Start-up-Gründer sind Fachexperten in ihrem jeweiligen Bereich, haben aber möglicherweise wenig Erfahrung in der Unternehmensführung und Organisationsentwicklung. Dadurch können sie wahrscheinlich nicht die optimale Organisationsstruktur für ihr Unternehmen festlegen. Da sie aber meist in der Phase noch alle Entscheidungen selbst treffen (möchten), wird hier eine Struktur durch einen Laien definiert.
Viele Gründer kommen entweder direkt von der Universität oder haben sich entschlossen, ganz auf eine Ausbildung zu verzichten. Somit haben sie keine Erfahrung, wie es in einem Unternehmen läuft, welche Prozesse man optimieren sollte, wer welche Verantwortungen übernehmen könnte etc.
Gründer, die aus einem Angestellten-Verhältnis heraus gründen, haben zwar Erfahrung, wie es in einem Unternehmen abläuft, aber selten auch Erfahrung mit der gesamtheitlichen Leitung eines Unternehmens.

› **Schnelles Wachstum:** Start-ups können manchmal sehr schnell wachsen, insbesondere wenn sie eine innovative Idee haben, die auf dem Markt gut angenommen wird. Dieses rasche Wachstum kann es schwierig machen, mit der sich ändernden Unternehmensgröße Schritt zu halten und eine passende Organisationsstruktur zu entwickeln. Zunächst muss eine Struktur definiert werden, die am besten mitwächst. Wenn das nicht möglich ist, muss die Struktur eben permanent daraufhin überprüft werden, ob sie den Anforderungen noch gerecht wird.

› **Mangelnde Ressourcen:** Start-ups haben oft begrenzte finanzielle Ressourcen und müssen ihre Ausgaben sorgfältig planen. Dies kann dazu führen, dass sie die Einstellung von erfahrenem Management-Personal oder die Implementierung einer umfassenden Organisationsstruktur verzögern oder einschränken. Ich sehe oft, dass Gründer lieber in Material und Maschinen investieren als in gute Mitstreiter. Wenn jedoch niemand da ist, der dafür sorgt, dass das wunderbare Produkt produziert, beworben, verkauft, in Rechnung gestellt wird, braucht man die schönen Anlagen nicht wirklich.

- **Fehlende Zukunftsplanung**: Einige Start-ups sind so fokussiert darauf, die aktuellen Herausforderungen zu bewältigen und kurzfristige Ziele zu erreichen, dass sie die langfristige Planung und die Entwicklung einer nachhaltigen Organisationsstruktur vernachlässigen. Dann kommt es wie bereits beschrieben irgendwann zu Engpässen, die potenzielle Kunden vergrätzen.

- **Anpassungsschwierigkeiten**: Start-ups sind oft agil und flexibel, aber wenn sie wachsen und sich weiterentwickeln, können sie Schwierigkeiten haben, ihre Organisationsstruktur an die neuen Anforderungen anzupassen. Bestehende Prozesse und Strukturen können da schnell die weitere Entwicklung behindern. Was mit 5 Mitarbeitern noch funktioniert, wird mit 20 Mitarbeitern schon schwierig.

Um die Herausforderungen zu bewältigen, die sich beim Skalieren ergeben, ist es wichtig, dass Gründer nicht nur eine innovative Idee haben, sondern auch ihre Geschäftsstrategie, Finanzen und Führungsfähigkeiten entwickeln. Dies kann bedeuten, Ressourcen in Marktanalysen zu investieren, Experten und Berater hinzuzuziehen, oder sich auf anderem Weg Feedback von Kunden und anderen Branchenexperten einzuholen. Flexibilität und die Fähigkeit, aus Fehlern zu lernen und sich anzupassen, sind entscheidend für den Erfolg eines Start-ups.

Bei der Vorbereitung der Finanzierung werden meist Business Pläne entwickelt, die beschreiben, wie sich das Geschäft entwickeln soll. Da werden Umsätze und Produktionszahlen vorausgesagt. Dazu gehört aber auch die entsprechende Kapazitätsplanung. Hierbei helfen oft die Investoren, die die notwendige Erfahrung haben. Wenn es bei der Investition in Produktionsanlagen bekannt ist, dass man rechtzeitig investieren muss, auch wenn man dann zunächst zu viel Kapazität hat – wieso ist dies bei den menschlichen Ressourcen, den Mitarbeitern, so schwierig zu begreifen? Auch hier gibt es die Sprung-Investitionen: Man braucht Vertriebler, um das Geschäft zu entwickeln – auch wenn es noch kein Produkt gibt, das verkauft werden kann. Rechtzeitig die richtigen Leute zu finden und zu binden, ist ein wichtiger Wettbewerbsfaktor.

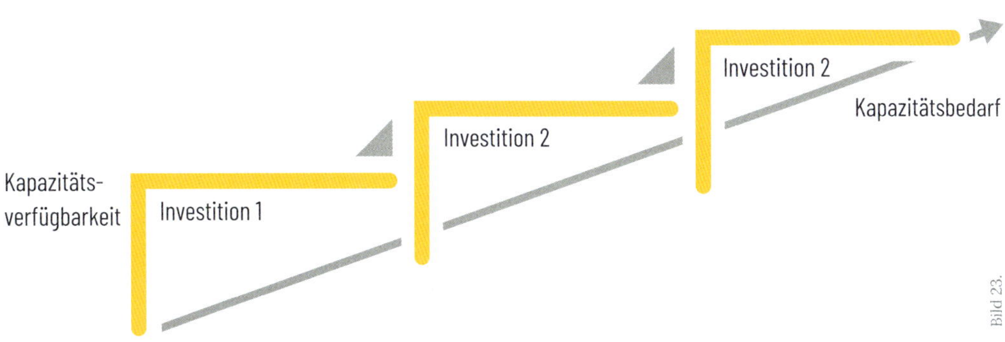

Bild 23.

Man braucht also eine neue Struktur, auch mit verschiedenen Funktionen. Wenn es mehr Leute sind, muss man die auch anders einsetzen. Wenn mehr Menschen arbeiten, braucht man aber auch mehr Regeln, die die Menschen dann anleiten, wie sie miteinander umgehen. Das heißt, man braucht eine Art ‚Gebrauchsanleitung'. Wie arbeiten wir zusammen? Teamregeln, Unternehmensregeln, natürlich eine Unternehmenskultur – alles das muss aufgebaut werden.

Wenn man die optimale Organisationsstruktur hat, bringt das alle diese Vorteile mit sich:

- **Effiziente Kommunikation:** Eine gut gestaltete Organisationsstruktur fördert eine klare und effiziente Kommunikation zwischen den verschiedenen Abteilungen und Mitarbeitern. So können Informationen und Entscheidungen schnell und präzise weitergegeben werden. Das verbessert die Zusammenarbeit und Produktivität.
- **Klarheit der Verantwortlichkeiten:** Eine Organisationsstruktur legt die Rollen, Verantwortlichkeiten und Befugnisse der Mitarbeiter fest. Wenn jeder Mitarbeiter genau weiß, wofür er verantwortlich ist, wird die Effizienz gesteigert und Doppelarbeit vermieden.
- **Bessere Entscheidungsfindung:** Eine klare Organisationsstruktur ermöglicht eine klare Hierarchie, in der Entscheidungen schnell getroffen werden können. Dadurch werden Verzögerungen und Verwirrung vermieden, was dem Unternehmen ermöglicht, flexibel auf Veränderungen im Markt zu reagieren. Das beinhaltet auch die agile Struktur, die weitestgehend ohne Hierarchie auskommt. Hier trifft derjenige die Entscheidung, der zu einem Thema das Meiste weiß.
- **Mitarbeiter-Motivation und -Engagement:** Eine Organisationsstruktur, die klare Karrierewege und Entwicklungsmöglichkeiten bietet, kann die Mitarbeiter sehr motivieren und das Engagement steigern. Wenn Mitarbeiter wissen, dass ihre Bemühungen anerkannt werden und dass sie sich weiterentwickeln können, sind sie eher bereit, ihr Bestes zu geben und zum Erfolg des Unternehmens beizutragen.
- **Effektives Ressourcen-Management:** Eine gut geplante Organisationsstruktur hilft dabei, die Ressourcen des Unternehmens effizient einzusetzen. Dies kann dazu beitragen, Kosten zu senken, die Produktqualität zu verbessern und das Unternehmensergebnis zu steigern.
- **Flexibilität und Skalierbarkeit:** Eine gut durchdachte Organisationsstruktur ermöglicht es einem Unternehmen, flexibel auf Veränderungen im Markt oder in der Unternehmensgröße zu reagieren. Dies ist besonders wichtig in einem sich schnell verändernden Geschäftsumfeld, wie wir dies derzeit erleben.
- **Unternehmenskultur:** Die Organisationsstruktur hat auch Einfluss auf die Unternehmenskultur. Eine Kultur der Offenheit, Zusammenarbeit und Innovation kann durch die Struktur gefördert werden und zu einer positiven Arbeitsumgebung führen.

Was kann Ihnen hier ein externer Berater bieten?

Ein externer Berater bringt hier das nötige Know-how. Zum einen ist er auf diesem Gebiet Experte, zum anderen hat er bereits zahlreiche ähnliche Situationen gestaltet. Ihm sind neue und innovative Strukturen vertraut. Er hat ein Netzwerk, um andere Experten mit hinzuzuziehen. Und er ist auch Coach, um den Gründer beim Loslassen zu begleiten. Ein Berater bringt die Ordnung und Struktur in die Arbeit, die ein Start-up nicht gewohnt ist.

Aufgrund der vielfältigen Erfahrung ist ein Berater auch in der Lage, kreative und innovative Strukturen vorzuschlagen. Nicht immer muss es möglich sein, die Organisationsstruktur auch zweidimensional auf einem Org-Chart darzustellen. Hauptsache, jeder weiß, was er zu tun hat und wofür er verantwortlich ist. Und dass die Schnittstellen eindeutig definiert sind.

In meiner Praxis sehe ich als Hauptaufgabe, so viel Struktur wie nötig und so wenig Struktur wie möglich aufzubauen. Ein Start-up fliegt, weil es so flexibel ist. Nicht umsonst sieht man die kreativsten organisatorischen Modelle bei Start-ups. Oder kennen Sie ein größeres Unternehmen, wo die Mitarbeiter miteinander über ihr Gehalt und ihre Urlaubstage diskutieren? Leider hört man jedoch immer wieder, dass Start-ups, sobald sie von einem großen Unternehmen regelrecht geschluckt wurden, ihre Geschwindigkeit verlieren und manchmal sogar den Zeitpunkt verpassen, wo das Produkt den Markt im Sturm hätte erobern können.

Meine Kunden schätzen an mir, dass ich in der Tat jede Struktur und Organisation gemeinsam mit ihnen neu erfinde. Ich habe kein Organigramm in der Schublade, das auf jedes Unternehmen passen sollte. Die anstehenden Aufgaben müssen erledigt werden, und alle Beteiligten müssen sich dabei wohl fühlen. Das ist mein Mantra beim Organisations-Design. Somit kommen auch off-shoring (also das Verlagern in ein anderes Land), Auslagern, Partnerschaften bilden und Ähnliches in Betracht. Ich halte mich an Ed Lawler III, der darauf hinwies, dass ein Unternehmen nur die Aktivitäten intern erledigen sollte, die zum Kern-Geschäft und zum Unique Selling Point USP also dem Alleinstellungsmerkmal gehören. Alles andere kann durch Fremdfirmen erledigt werden – die wiederum diese Aktivitäten als ihr Kern-Geschäft und ihren USP anbieten.

Auch Apple ist aus der Garage ausgezogen. Für jedes Start-up kommt der Moment, wo das Unternehmen so gewachsen ist, dass nichts mehr auf Zuruf kommuniziert und organisiert werden kann. Eine Struktur, klare Verantwortlichkeiten, gute Prozesse und eindeutige Kompetenz-Profile stellen sicher, dass das Wachstum erfolgreich fortgesetzt werden kann. Ein externer Berater bringt hier die nötige Erfahrung und Expertise, um verschiedene mögliche Strukturen vorschlagen und auf ihre Implikationen hinweisen zu können. Darüber hinaus ist er objektiv – und nicht der gemeinsamen Historie verpflichtet.

Neue Geschäftsbereiche – Bauchladen oder Spezialitäten-Geschäft?

Ein Unternehmen hat einen Geschäftsbereich. Und dann zwei, und dann mehrere ... Ein Geschäftsbereich (auch als Geschäftsfeld, Geschäftseinheit oder Unternehmenssegment bezeichnet) ist eine abgegrenzte Einheit innerhalb eines Unternehmens, die bestimmte Produkte, Dienstleistungen oder Aktivitäten anbietet und verwaltet. Oft werden Geschäftsbereiche dazu verwendet, um verschiedene Geschäftsaktivitäten innerhalb eines größeren Unternehmens zu organisieren und zu verwalten.

Was macht einen Geschäftsbereich aus?

- Ein Geschäftsbereich konzentriert sich auf eine bestimmte Art von Produkten oder Dienstleistungen, die gemeinsame Merkmale oder eine gemeinsame Zielgruppe haben.
- Ein Geschäftsbereich wird oft von einer eigenen Führungskraft oder einem eigenen Team geleitet, das für die strategische Planung, die Durchführung von Geschäftsaktivitäten und die Erreichung von Zielen verantwortlich ist.
- Ein Geschäftsbereich hat oft eigene finanzielle Kennzahlen, die es zu verfolgen und zu optimieren gilt, wie Umsatz, Gewinn, Kosten und Rendite.
- Obwohl Geschäftsbereiche innerhalb eines Unternehmens agieren, können sie dennoch eine gewisse Autonomie bei der Entscheidungsfindung und der Durchführung von Geschäftsprozessen haben.
- Geschäftsbereiche können dazu dienen, unterschiedliche Marktsegmente oder Kundengruppen effektiver anzusprechen.
- Die Ressourcen wie Kapital, Personal und Technologie können innerhalb eines Geschäftsbereichs gezielt zugewiesen und optimiert werden, um die Ziele des Bereichs zu erreichen.
- Jeder Geschäftsbereich kann seinen eigenen Wettbewerbsvorteil oder Alleinstellungsmerkmale haben, die es ihm ermöglichen, sich auf dem Markt abzuheben.

Große Unternehmen können mehrere Geschäftsbereiche haben, die unterschiedliche Produkte oder Dienstleistungen anbieten, in verschiedenen Märkten tätig sind oder verschiedene Kundensegmente ansprechen. Die Organisation in Geschäftsbereichen ermöglicht es Unternehmen, flexibler auf unterschiedliche Marktbedingungen zu reagieren, Risiken zu diversifizieren und ihre Aktivitäten effektiver zu verwalten.

Manchmal werden neue Geschäftsbereiche innerhalb des Kerngeschäfts gegründet, manchmal aber auch außerhalb. Das hängt von der spezifischen Situation ab: Wie sieht die wirtschaftliche Situation aus, was gibt es für technologische Entwicklungen, wie stark ist der Wettbewerbsdruck, wie sieht die eigene neue Strategie aus? Bei Geschäftsbereichen innerhalb des Kerngeschäfts geht es meist um eine Anpassung an diese Faktoren.

Wenn der neue Geschäftsbereich außerhalb des Kerngeschäfts liegt, wird meist diversifiziert oder in neue Märkte eingedrungen. Dadurch können neue Wachstumsmöglichkeiten aufgetan, Risiken verteilt oder neue Technologien genutzt werden.

Beispiele hierfür sind Unternehmen wie Amazon, das von einem Online-Buchhändler zu einem vielseitigen E-Commerce-, Cloud-Computing- und Unterhaltungsunternehmen expandiert ist, oder Google, das neben einer Suchmaschine zu einem breiten Portfolio von Produkten und Dienstleistungen wie Smartphones, Betriebssystemen, Kartenanwendungen, autonomen Fahrzeugen und mehr übergegangen ist.

Manchmal werden aber auch Geschäftsbereiche abgespalten. Als Beispiel für die Absplittung eines Geschäftsbereichs könnte man Daimler Trucks ansehen: Die Schaffung von Daimler Trucks als eigenständiger Geschäftsbereich innerhalb von Daimler hatte sicher mehrere Gründe und strategische Überlegungen:

- Fokussierung auf das Kerngeschäft: Daimler hat eine breite Produktpalette, die von Pkw und Nutzfahrzeugen bis hin zu Bussen und anderen Mobilitätslösungen reicht. Die Abspaltung von Daimler Trucks als eigenständigem Geschäftsbereich ermöglichte es dem Unternehmen, sich auf sein Kerngeschäft im Bereich der Nutzfahrzeuge zu konzentrieren und eine klare Fokussierung zu schaffen.
- Bessere Marktpositionierung: Daimler Trucks konkurriert in einem spezifischen Marktsegment, das besondere Herausforderungen und Chancen bietet. Als eigenständiger Geschäftsbereich kann Daimler Trucks seine strategischen Entscheidungen und Ressourcen gezielter auf die Bedürfnisse und Anforderungen dieses Marktsegments ausrichten und so seine Marktpositionierung stärken.
- Effizienz und Flexibilität: Durch die Schaffung von Daimler Trucks als eigenständigem Geschäftsbereich kann das Unternehmen effizienter arbeiten und flexibler auf Veränderungen im Markt und in der Branche reagieren. Somit kann Daimler schneller auf neue Herausforderungen eingehen und Geschäftsmöglichkeiten besser nutzen.
- Ermöglichen von Partnerschaften und Kooperationen: Als eigenständiger Geschäftsbereich kann Daimler Trucks strategische Partnerschaften und Kooperationen mit anderen Unternehmen in der Nutzfahrzeugbranche eingehen. Dies kann zu Synergieeffekten, gemeinsamen Entwicklungsprojekten und einer besseren Positionierung im Wettbewerb führen.
- Transparenz und Controlling: Die Schaffung von Daimler Trucks als eigenständigem Geschäftsbereich ermöglicht eine bessere Transparenz über die Geschäftsentwicklung und die finanzielle Performance dieses spezifischen Segments. Dies erleichtert das Controlling und die Bewertung der Geschäftsleistung.

Bei der Schaffung neuer Geschäftsbereiche geht es also auch darum, sich zu überlegen, wie sich der neue Bereich zu den bestehenden verhält. Je ähnlicher sich die Bereiche sind, desto wahrscheinlicher ist es, dass man die Organisationen effektiv zusammenfassen kann. Hier muss jedoch sehr genau hingeschaut werden, sonst übersieht man wichtige Details: In einem Projekt, das ich begleitet habe, wurden zwei Bereiche zusammengefasst. Die Namen der Kunden sahen gleich aus, so dass man dachte, hier könne man den Vertrieb zusammenfassen. Erst als man die gesamte Wertschöpfungskette und die Gesprächspartner beim Kunden genauer betrachtete, stellte man fest, dass es sich um vollkommen unterschiedliche Kooperationen handelte. Somit mussten die beiden Bereiche doch unterschiedlich strukturiert und organisiert werden.

Zum Thema ‚neuer Geschäftsbereich' habe ich mich mit Peter S. unterhalten. Er ist verantwortlich für das Personal-Resort eines Pharmahandels.

SK: *Sie haben in den letzten Jahren eine zusätzliche Internet-Plattform errichtet. Was hat es damit auf sich?*

PS: Wir haben diese Plattform 2021 gegründet. Dort bringen wir als Gesundheitsplattform Endverbraucher mit unterschiedlichen Akteuren des Gesundheitswesens wie Vor-Ort-Apotheken, Ärzten und weiteren Heilberuflern zusammen. Damit schafften wir ein einzigartiges Gesundheits-Ökosystem.

SK: *Wie verhält sich diese Plattform zu Ihrem sonstigen Geschäft?*

PS: Wir hatten unseren Kunden bis dahin lediglich die Möglichkeit angeboten, unsere Produkte über unsere Website zu erwerben. Das war uns dann aber nicht mehr genug. Es gab zu der Zeit auf dem Markt bereits Online-Apotheken sowie Online-Arzt-Plattformen. Wir meinten, es wäre an der Zeit, alles zusammenzubringen. Auf dieser Plattform bekommt man alles: medizinischen Rat und Medikamente.

SK: *Wie haben Sie diesen neuen Geschäftsbereich organisiert?*

PS: Wir haben dafür eine neue Abteilung, quasi einen neuen Geschäftsbereich gegründet. Die Tätigkeiten, die dort erledigt werden müssen, sind den unseren teilweise ähnlich, zu einem großen Anteil sind es jedoch neue und andere Aktivitäten. So gilt es, sich mit neuen Gesprächspartnern auseinanderzusetzen und einen unabhängigen Netzauftritt zu gestalten. Die Partner möchten alle sicherstellen, dass ihre eigenen Auftritte nicht kompromittiert oder gar Unbefugten zugänglich werden. Hier haben wir viele neue Kompetenzen aufbauen müssen.

SK: *Was war bezüglich der notwendigen neuen Kollegen zu beachten?*

PS: Zum einen mussten wir als Personalabteilung erst einmal verstehen, wo wir diese Talente überhaupt finden konnten. Dann haben wir uns überlegt, wie wir diese neue Gruppe am besten an das restliche Unternehmen anbinden könnten. Hier galt: so viel Freiheit wie möglich und so viel Anbindung wie nötig. Wir wollten effektiv und effizient arbeiten, aber auch sicherstellen, dass dieser neue Bereich sich auch gut entwickeln konnte.

SK: *Wieso würden Sie für derartige Situationen eine Boutique-Beratung empfehlen?*

PS: Vom Prinzip war die Errichtung dieses Portals ja eine Art Start-up. Somit hätten wir eine Gründer-Beratung benötigt. Auf der anderen Seite musste es aber auch an das bestehende, traditionelle Geschäft angebunden werden. Somit war es auch so etwas wie eine Fusion. Große Beratungen haben zwar meist Abteilungen, die sich sowohl mit Gründungen, Nachfolgen als auch mit Fusionen beschäftigen. Jedoch war uns hier die Gefahr zu groß, dass es dann doch letztendlich eher standardisierte Lösungen werden. Uns war wichtig, dass wir eine maßgeschneiderte Lösung erhalten. Bei kleineren Beratungen sind hier mehr Flexibilität und Innovation anzutreffen. Sie sind mit ihren Lösungen weniger verheiratet und bereit, sich auf Neues einzulassen. Das hat sich bewährt.

***

Geschwister, Cousinen oder Nachbarn? Die richtige Struktur ist überlebensnotwendig

Das Falscheste, was man machen kann, ist den neuen Geschäftsbereich einfach so anzuflanschen und anzunehmen, er funktioniere wie alle anderen Geschäftsbereiche. Wie massiv das in die Hose gehen kann, haben wir bei Go gesehen. Go war einmal der Low Cost Arm der British Airways. Getriggert durch South West Airlines in Amerika sagte sich British Airways: Was die können, können wir auch. Sie haben daraufhin ihre eigene Low Cost Airline kreiert. Go wurde aber an British Airways angeknüpft, so dass Go den gleichen Overhead hatte, also die gleichen Deckungsbeiträge leisten musste wie British Airways. Das hat natürlich nicht funktioniert, weil das gesamte Geschäftsmodell anders konzipiert war. Die gesamte Verwaltung: Buchung, Beratung, Ticket-Ausstellung etc., die man bei herkömmlichen Fluglinien benötigt, um Tickets zu verkaufen, braucht man bei Low Cost Airlines nicht. Hier erledigt der Kunde die Arbeit selbst. Go musste, ohne bei den Preisen derartige Kosten berücksichtigen zu können, anteilig die Kosten der Mutter mitbestreiten.

Go hatte es allein nicht geschafft und wurde an EasyJet verkauft. EasyJet hatte das Geschäftsmodell entsprechend designed und konnte, nun verstärkt durch die Flotte von Go, seinen Erfolg noch steigern:

Das Handelsblatt beschreibt die Situation von Go am 16.5.2002 wie folgt:

„Billigflieger wird Marktführer – Probleme für Flugzeugbauer

Die britische Billigfluglinie EasyJet hat die Übernahme des Konkurrenten Go für 374 Mill. Pfund besiegelt. Mit dem Kauf überholt EasyJet die irische Ryanair und wird zum größten Anbieter von Billig-Flügen in Europa. Zudem werden die Aufträge für die Flugzeugbauer spärlicher fließen.

Die Übernahme der britischen Billigfluglinie Go Fly Ltd durch ihren Konkurrenten EasyJet verschärft den Wettbewerb unter den Flugzeugherstellern. EasyJet plc, London, ließ am Donnerstag verlauten, geplante Neuanschaffungen würden nach der Einigung mit Go überprüft.

Beide Gesellschaften hatten zuvor über Neubestellungen von Verkehrsmaschinen verhandelt. Go stand kurz vor der Bestellung von 80 Airbus-Flugzeugen, während EasyJet sowohl mit Boeing als auch mit Airbus über den Kauf von 75 Maschinen verhandelte. Nach der Fusion dürfte der Bedarf an neuen Maschinen geringer ausfallen, hieß es.

EasyJet wird bei Preisverhandlungen eine stärkere Position haben. Sowohl die Boeing Co, Chicago als auch die Airbus Industrie, Toulouse benötigen dringend Aufträge. Boeing werde wegen der schwachen Nachfrage bald gezwungen sein, ihre Produktion zu halbieren, vermuten Beobachter. Airbus wolle dagegen unbedingt Billigfluglinien als Kunden gewinnen. Dieser Markt wird bislang von Boeing beherrscht. Boeing-Sprecher Charlie Miller verwies in einer Stellungnahme auf die langjährigen Geschäftsbeziehungen sowohl mit EasyJet als auch mit Go.

Bei Airbus hieß es, dass ein möglicher Großauftrag von EasyJet nicht zwangsläufig nur geringe Margen einbringe. Ein solcher Auftrag berge ein hohes Kostensparpotenzial, da in relativ kurzer Zeit eine große Zahl von Maschinen des gleichen Typs gebaut werden könne, erklärte ein Sprecher.“

Hier wird nun darauf hingewiesen, dass dieses Low Cost Geschäftsmodell auch Einfluss auf die Lieferanten hat: Wenn das Unternehmen groß genug ist, bietet eine Groß-Bestellung eines einzigen Produkts großes Potenzial zu Optimierungen. Des Weiteren ist es ein gutes Beispiel für eine gelungene Skalierungs-Fusion.

Wenn man sich also entschieden hat, einen neuen Geschäftsbereich zu eröffnen, muss man daran denken, dass wirklich jeder Geschäftsbereich seine eigene optimale Struktur braucht. Die kann also durchaus ganz unterschiedlich sein.

Wer das sehr gut vorgelebt hat, ist Gisbert Rühl bei Klöckner. Er beschrieb sein Erlebnis anlässlich eines Vortrages beim DDIM, Dachgesellschaft Deutsches Interim Management, im Jahr 2015.Nachdem er sich im Silicon Valley informiert hatte, wieso Start-ups so schnell zum Erfolg gelangten, beschloss er, eine innovative Abteilung zu gründen. Zurück in Duisburg gründete er kloeckner.i. Diese neue Abteilung, die sich mit Zukunftsthemen beschäftigen sollte, konnte in Duisburg keinen Fuß fassen. Somit entschied Herr Rühl, die Abteilung in Duisburg zu schließen und in Berlin neuzugründen. Dort hat sie floriert und weitere innovative Geschwister bekommen wie kloeckner.v. Die Mitarbeiter der kloeckner.i toben sich sozusagen aus und bringen zukunftsträchtigen Konzepte für die Logistik im breiteren Sinne hervor, sitzen auf Fat-Bags und arbeiten in coworking spaces. Währenddessen funktioniert Duisburg nach wie vor wie gehabt weiter.

Klöckner.i beschreibt sich selbst wie folgt:

„Mit rund 140 Experten in den Bereichen Transformation, Produkt und Engineering & IT, arbeiten wir in funktionsübergreifenden Teams, um die Lieferkette von der Beschaffung bis zur Auslieferung zu digitalisieren. Damit soll Klöckner das übergeordnete Ziel erreichen, die führende digitale One-Stop-Shop-Plattform in der Stahl- und Metallbranche zu werden.

kloeckner.i ist ausreichend weit von Klöckner & Co entfernt, um kreativ zu arbeiten, aber trotzdem nah genug am Konzern, um das Know-how sowie den Zugang zu Kunden und Lieferanten zu nutzen. Mit seinen digitalen Applikationen und Services hat kloeckner.i das Ziel erreicht, Klöckner & Co zum digitalen Spitzenreiter in der Stahl- und Metallindustrie zu machen. Darauf aufbauend werden wir das große Potenzial der Digitalisierung weiter ausschöpfen und erweitern sie auf die Ebene der Automatisierung – auch künftig werden wir innovative digitale Lösungen entwickeln und unsere internen Kernprozesse weiter digitalisieren."

www.kloeckner-i.com (Stand: 20.12.2023)

Hier wurde also entschieden, zwei unterschiedliche Geschäftsbereiche mehr oder weniger unabhängig voneinander zu betreiben.

Saint Gobain hat das ein bisschen anders gemacht. Sie haben ihr FabLab, also ihr Innovation Camp, im Haus errichtet.

Ein FabLab (von englisch fabrication laboratory „Fabrikationslabor"), manchmal auch MakerSpace genannt, ist eine offene Werkstatt mit dem Ziel, Privatpersonen und einzelnen Gewerbetreibenden den Zugang zu modernen Fertigungsverfahren für Einzelstücke zu ermöglichen.

Typische Geräte sind 3D-Drucker, Laser-Cutter, CNC-Maschinen, Pressen zum Tiefziehen oder Fräsen, um unterschiedliche Materialien und Werkstücke bearbeiten zu können (‚make almost everything'). FabLabs erlauben die Anfertigung von individualisierten Einzelstücken oder nicht mehr verfügbaren Ersatzteilen (‚Rapid Manufacturing').

Das FabLab bei Saint Gobain hat zwar die eigenen Abläufe, so wie das durch die Lizenz für FabLabs eingerichtet ist, aber sie sind für alle Mitarbeiter sichtbar. Dadurch erhofft man sich, dass Mitarbeiter neugierig werden. Auch, wenn die Mitarbeiter denken: ‚die da drinnen funktionieren ganz anders als wir', aus Neugierde kommt vielleicht durch Assimilation oder durch Osmose das eine oder andere gegenseitige Befruchten zustande. Für Saint Gobain ist es eine neue Art der Produkt-Entwicklung. Das Konzept funktioniert einwandfrei. Oder tat es zumindest vor einigen Jahren, als ich das Vergnügen hatte, mir dieses FabLab persönlich vor Ort anzuschauen.

Und genau darum geht es. Es sollte, wenn ein neuer Geschäftsbereich geschaffen wird, keine Alternative ausgeschlossen werden. Es kann sein, dass der Geschäftsbereich so einzigartig ist, dass man ihn als eigenständiges neues Unternehmen gründen sollte. Oder aber man trennt ihn räumlich, wie das Klöckner in Berlin gemacht hat. Oder aber man hat zwar eine gute Idee, aber will sie oder kann sie nicht selbst realisieren, weil man die Kompetenzen dazu nicht hat. Dann kann man outsourcen. Es gibt also die unterschiedlichsten Möglichkeiten, die es zu berücksichtigen gilt. Die schlechteste aller Alternativen ist zu sagen, ‚lassen wir alles einfach weiter so laufen wie bisher'.

In einem ersten Schritt muss somit die optimale Gesamtstruktur, also unter Umständen sogar die Rechtsform, festgelegt werden. Je nach Nähe zum Kern-Geschäft müssen danach die Struktur und die Schnittstellen gestaltet werden.

Als Organisations-Idee sollte man dann auch an das duale Modell von Kotter denken. (‚Accelerate: Building Strategic Agility for a Faster-Moving World', Harvard Business Press, 2014, ISBN 978-1625271747) Er beschreibt die Koexistenz von agiler und traditioneller Welt. Alle Abläufe, die beständig bleiben bzw. nur marginal und langsam verändert werden, können traditionell organisiert werden. Die Abläufe, die sich ständig verändern, innovativ und kreativ gestaltet werden können, sollten agil organisiert werden. Generell ist zu überlegen, was die beste Organisation für welchen Bereich ist und im Anschluss, wie man alle Bereiche miteinander verknüpft, wie man also die Schnittstellen gestaltet.

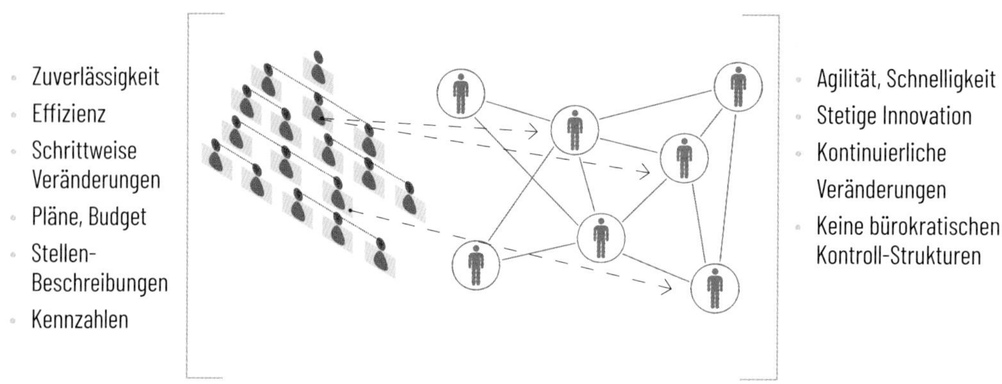

Wir hatten schon darüber gesprochen, dass neue Geschäftsbereiche entweder auf Basis der bestehenden Kompetenzen oder auf Basis neuer Kompetenzen entstehen können.

Ein Beispiel, wo ein neuer Geschäftsbereich auf Basis bestehender Kompetenzen aufgebaut wurde, allerdings in einer Sondersituation, ist Trigema. Aufgrund der Pandemie wurde die Produktion von T-Shirts auf Masken umgestellt. Der Produktionsprozess war mehr oder weniger der gleiche. Wahrscheinlich waren sogar große Teile der Kunden die gleichen.

Nach der Definition der neuen Geschäftsidee und der damit am besten harmonierenden Firmenstruktur muss die Geschäftsbereichs-Struktur betrachtet werden. Je nachdem, wie nah dieser Bereich am Kerngeschäft ist, kann hier mehr oder weniger unabhängig gestaltet werden. Dieser Prozess kann durchaus auch Optimierungen im Kerngeschäft bewirken.

Warum ist jetzt gerade in dieser Situation auch wiederum Beratung notwendig? Das Unternehmen ist erfolgreich und plant, den Erfolg durch neue Geschäftsbereiche auszubauen. Es ist sehr verlockend, diesen neuen Geschäftsbereich nach dem bewährten

Schema aufzubauen. So wie das British Airways probiert hat. Ein neutraler Blick von außen verhindert, in diese Falle zu tappen. Ein Berater hat zusätzliche Erfahrung und fragt die richtigen Fragen, um sicherzustellen, dass jede Eventualität betrachtet und diskutiert wird. Es ist auch seine Aufgabe, sich mit technologischen, wirtschaftlichen und gesellschaftlichen Entwicklungen auseinanderzusetzen, die für den neuen Geschäftsbereich eine Rolle spielen könnten.

Das Einzige, was bei der Umsetzung eines neuen Geschäftsbereichs sicher erscheint, ist, dass danach alles anders sein wird. Auch das Kerngeschäft verändert sich. Sowohl die gesamte Unternehmensstruktur als auch die Struktur der Organisation verändern sich.

Familienbande oder Nachbarschaftsclub? Das Zusammenleben muss gestaltet werden

Wenn ein neuer Geschäftsbereich hinzukommt, kommen auch neue Mitarbeiter dazu. Dass wir hier genau überlegen sollten, wie die Organisationsstruktur gestaltet werden muss, haben wir bereits beleuchtet. Nun schauen wir uns die Mitarbeiter aber genauer an. Wenn das Unternehmen eine gute Strategie definiert hat, passt der neue Geschäftsbereich thematisch zur Vision und zur Strategie. Somit haben die Mitarbeiter zumindest die Unterstützung dieser Ziele gemein. Das bedeutet aber nicht automatisch, dass alle Mitarbeiter auch gleich ticken. Wir hatten schon beim Kapitel bezüglich der Start-ups darüber gesprochen, dass ein Innovator anders denkt und argumentiert als ein Vertriebler oder Finanzer. Da ergibt sich der Unterschied aufgrund der unterschiedlichen Arbeits-Inhalte und der damit verbundenen Themen. Nun kommt aber noch die Komponente dazu, dass sich die Arbeit auf unterschiedliche Produkte oder Dienstleistungen bezieht.

Einer meiner Kunden aus der chemischen Industrie hatte eine Abteilung, die für die Sicherheit und den Umweltschutz verantwortlich war (Health, Environment, Safety). Diese Abteilung dachte darüber nach, von reaktiven Feuerwehr-Männern zu proaktiven Gestaltern zu werden. Dazu sollte eine neue Abteilung, quasi ein neuer Geschäftsbereich, gebildet werden. Gemeinsam haben wir überlegt, was das bedeuten würde. Nach intensiven Gesprächen mussten wir feststellen, dass sich dadurch die Gesprächspartner, die Gesprächsinhalte sowie die Werkzeuge verändern, die man den Gesprächspartnern dann zur Verfügung stellen würde. Während man als Feuerwehr-Truppe mit den Chemikern, Technikern und Ingenieuren sprach, müsste man als proaktiver Gestalter eher mit Marketing-Leuten, Vertrieblern, Finanzern und Geschäftsleitern sprechen. Um diese Gespräche führen zu können, müsste man andere Mitarbeiter haben, die sich in der Welt der Gesprächspartner auskennen und den Kontext erfassen können. Während die meisten bestehenden Mitarbeiter eher Prozess-orientiert und introvertiert waren, hätte man dafür extrovertierte Vertriebs-Mitarbeiter hinzuziehen müssen. Das hätte wiederum bedeutet, dass die Team-Struktur und die Schnittstellen vollkommen anders hätten gestaltet werden müssen. Davon hat man abgesehen. Für dieses Unternehmen hätten die Investition und die Umgestaltung die damit erwarteten Gewinne übertroffen.

Ein anderer Kunde, der sehr idyllisch auf dem Lande ansässig war, dachte darüber nach, die innovativste Firma der eigenen Branche zu werden. Dazu sollte ein zusätzlicher Geschäftsbereich entstehen, der sich ausschließlich mit Innovationen beschäftigen sollte. Die Beschreibung des innovativsten Mitarbeiters, die ich erhielt, ließ mich den CEO fragen, wann er sich die Standortfrage stellen würde. Die von ihm beschriebenen Menschen waren eher ‚global citizens' mit einem Freundeskreis über die ganze Welt verstreut. Die Anbindung an Flughäfen war jedoch an diesem Standort sehr mittelmäßig. Der CEO hat sich diesen Punkt zu Herzen genommen. Den Vorsatz, das innovativste Unternehmen zu werden, hat er erfüllt, allerdings nicht mit ‚Google-Engineers', sondern mit den innovativsten Familienmenschen. Diese Strategie und der dafür aufgebaute Geschäftsbereich funktionieren schon über 10 Jahre äußerst erfolgreich.

Wir sehen also: Neben der beruflichen Tätigkeit spielt auch die Persönlichkeit der Mitarbeiter eine große Rolle. Jeder Mensch hat Wünsche, Bedürfnisse und auch Ticks, die es zu berücksichtigen und einzuplanen gilt.

Sie kennen sicher einige Methodiken, die die Persönlichkeit analysieren. Alle basieren mehr oder weniger auf den ‚Big Five'.

Was sind diese Big Five?
In der Psychologie beschreiben die Big Five fünf Persönlichkeitsmerkmale, die – je nach Ausprägung – den individuellen Charakter eines Menschen bestimmen. Diese Faktoren charakterisieren im Wesentlichen unsere Persönlichkeit:

Bild 24.

Betrachten wir nur die Anfangsbuchstaben der englischen Begriffe (Offenheit – Openness, Gewissenhaftigkeit-Consientiousness, Extraversion-Extraversion, Verträglichkeit-Agreeableness, Neurotizismus-Neuroticism), ergibt sich das Wort „OCEAN", deshalb wird das Fünf-Faktoren Modell auch Ocean-Modell genannt.

Entwickelt wurde das Fünf-Faktoren-Modell in den 1930er Jahren. Die Psychologen Raymond Bernard Cattell, Gordon Allport sowie Henry Sebastian Odbert entwickelten eine Liste mit 18.000 Adjektiven, um die Persönlichkeit eines Menschen zu beschreiben. Damit konnte man natürlich nicht wirklich arbeiten. Im Laufe der Jahre wurde die Liste durch andere Psychologen immer weiter komprimiert, bis – dank der US-Psychologen Paul Costa und Robert McCrae – nur noch fünf Persönlichkeitsfaktoren und Begriffe übrig waren – die Big Five.

Bis heute gelten diese fünf Faktoren als vielfach verifiziertes und anerkanntes Modell zur Bestimmung einer Persönlichkeit und bildet größtenteils die Basis von den Modellen, die man im Einsatz sieht (Meyers Briggs, DISC, Insight, Process Communication – wie sie alle heißen). Jeder Mensch besitzt diese Persönlichkeitsfaktoren. Und das weltweit – in jedem Kulturraum. Je nachdem wie unterschiedlich stark ausgeprägt die fünf Charaktermerkmale oder Dimensionen sind, definieren sich der ‚Charaktertyp' eines Menschen und sein individuelles Profil.

Hier eine kurze Beschreibung der fünf Faktoren:

Offenheit (Openness)

Personen mit ausgeprägter Offenheit heißen Neues willkommen. Sie haben eine rege Fantasie und lernen gerne neue Menschen kennen. Sie freuen sich über neue Herausforderungen und neue Erfahrungen. Typische Merkmale sind:

- Aufgeschlossenheit,
- Wissbegierigkeit und Neugier,
- Abenteuerlust,
- Experimentierfreude,
- Kontaktfreude,
- Künstlerisches Interesse.

Offene Menschen hinterfragen Normen und den Status quo. Sie befassen sich auch gerne mit neuen sozialen, ethischen und politischen Wertvorstellungen. Sie sind autonom, oft unkonventionell und lieben Abwechslung. Wer eher weniger offen ist, ist somit eher konservativ, vorsichtig, skeptisch und fühlt sich mit Routinen, Bekanntem und Bewährtem wohler.

Gewissenhaftigkeit (Conscientiousness)

Personen mit hohen Gewissenhaftigkeitswerten sind oft Perfektionisten. Ihren Charakter kann man durch folgende Eigenschaften beschreiben:

- sorgfältig,
- präzise,
- verantwortungsbewusst,
- zuverlässig,
- besonnen,
- diszipliniert,
- planend,
- organisiert,
- effektiv,
- kontrolliert,
- selbstbeherrscht.

Gewissenhafte Menschen sind sehr genau, selbstkontrolliert und zielstrebig. Menschen, die weniger gewissenhaft sind, sind eher unbekümmert und spontan.

Extraversion (Extraversion)
Extravertierte Menschen sind gesellig und ‚nach außen gewandt'. Sie beschreiben sich selbst gerne als ...

- gesprächig,
- heiter,
- optimistisch,
- selbstsicher,
- energisch,
- aktiv.

Extravertierte lieben die Gesellschaft von Menschen, fühlen sich in Gruppen, auf Bühnen und Großveranstaltungen wohl, sind Meister des Netzwerkens und alles andere als scheu oder schüchtern. Introvertierte Menschen dagegen sind lieber allein, arbeiten gerne für sich und sind wählerisch bei sozialen Kontakten.

Extraversion beschreibt etwas anderes als Offenheit. Offenheit für Erfahrungen misst den Grad der geistigen Flexibilität und Neugier. Extraversion beschreibt den Grad der geselligen Interaktion und die Energie, die aus sozialen Kontakten gewonnen wird.

Verträglichkeit (Agreeableness)
Verträgliche Menschen sind umgänglich, tolerant und haben einen latenten Altruismus. Sie sind besonders freigiebig und hilfsbereit. Weitere Persönlichkeitsmerkmale sind zum Beispiel:

- Mitgefühl, Empathie,
- Rücksichtnahme,
- Wohlwollen,
- Kooperationsbereitschaft,
- Kompromissbereitschaft,
- Geselligkeit,
- Verständnis.

Verträgliche Menschen sind extrem freundlich und überzeugt, dass sich Hilfsbereitschaft immer lohnt. Sie sind von Herzen barmherzig, eher nachgiebig und schenken Fremden viel Vertrauen – leider manchmal auch zu viel. Sie sind jedoch auch sehr Harmonie-bedürftig und gehen Konflikten gerne aus dem Weg. Ganz im Gegensatz die Unverträglichen: Sie gehen eher auf Konfrontationskurs. Ihr Leben ist bestimmt durch Wettbewerb und Konkurrenzdenken. Diese Persönlichkeiten sind dominant, setzen sich unbedingt durch und neigen zu Egozentrik oder sind anderen gegenüber misstrauisch.

Neurotizismus (Neuroticism)

Der Begriff Neurotizismus steht für emotionale Labilität und Verletzlichkeit. Diese Charaktere sind leicht aus dem seelischen Gleichgewicht zu bringen, leiden unter Gefühlsschwankungen, Angststörungen oder gar Depressionen und erleben, dass sie von ihren Emotionen geradezu überwältigt werden. Diese Menschen lassen sich durch Adjektive beschreiben, wie ...

- emotional,
- unsicher,
- erschüttert,
- nervös,
- ängstlich,
- betroffen,
- beschämt,
- verlegen,
- traurig.

Hochsensible Menschen haben meist einen ausgeprägten Neurotizismus und sind stressanfälliger als andere. Diese Menschen erleben häufiger Angstzustände und tendieren zum Grübeln oder machen sich zu viele Sorgen. Der Gegenpol dazu ist emotionale Stabilität (Ich-Stärke): Personen mit niedrigen Neurotizismuswerten sind eher ausgeglichen, ruhig, zufrieden, entspannt und selbstsicher.

Wahrscheinlich sind Ihnen beim Lesen dieser Faktoren sofort spontan Personen eingefallen, die sich so beschreiben lassen.

Nun haben wir betrachtet, dass zum einen der Beruf bzw. die berufliche Tätigkeit, zum anderen die Persönlichkeit die Menschen unterscheiden.

Neben den Berufs- und Persönlichkeits-Aspekten gibt es auch noch die der Arbeitspräferenz. Diese werden durch Werkzeuge wie zum Beispiel das Team Management System von Margerison und McCann erfasst. *(https://www.teammanagementsystems.com/)*

Die grundlegende Idee des Team Management Profils ist, dass es 8 Aufgabenbereiche (Types of Work) gibt, die alle wichtig sind für dauerhaften Erfolg. Diese Tätigkeitsbereiche werden im Rad der Arbeitsfunktionen abgebildet.

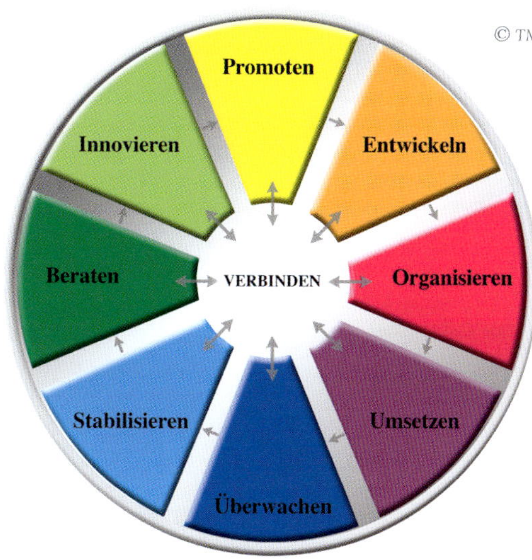

© TMS

Bild 25.

Die Autoren Margerison/McCann stellten fest, dass jeder Mensch nur Tätigkeiten aus zwei oder drei dieser Tätigkeitsbereiche gerne macht. Sie definierten aus dieser Erkenntnis 8 Teamrollen und stellten sie in dem abgebildeten Team Management Rad dar.

- Beraten: Informationen zusammentragen und weitergeben
- Innovieren: neue Ideen hervorbringen und mit ihnen experimentieren
- Promoten: neue Möglichkeiten erkunden und andere davon überzeugen
- Entwickeln: die Anwendbarkeit neuer Ansätze bewerten und testen
- Organisieren: Verfahren und Abläufe einführen und in Gang setzen, damit eine Leistung erbracht werden kann
- Umsetzen: mit etablierten Systemen und Verfahren die gewünschte Arbeitsleistung liefern
- Überwachen: das Funktionieren von Systemen kontrollieren und – auch im Detail – überprüfen
- Stabilisieren: Werte, Standards und Prozesse aufrechterhalten und absichern

Es besteht nicht unbedingt eine deutliche Verbindung zwischen Arbeits-Präferenz und Beruf. So gibt es innovative sowie überwachende Finanzer genauso wie entwickelnde und stabilisierende Vertriebler.

Sie können sich sicher vorstellen, dass die Kombination Beruf, Persönlichkeit und Arbeitspräferenz bei den Mitarbeitern untereinander unterschiedliche Reaktionen hervorruft. Mit manchen kann man es gut finden, mit anderen kann man wiederum nur schwer zusammenarbeiten.

Wenn man nun eine neue Abteilung, einen neuen Geschäftsbereich bildet, werden zwangsläufig neue Mitarbeiter antreten, die wahrscheinlich anders ticken als die bereits bestehenden. Wenn die gewählte Struktur dann bedingt, dass diese beiden Gruppen intensiv zusammenarbeiten, muss auch intensiv an dieser Zusammenarbeit gearbeitet werden.

Entweder muss die Koexistenz gestaltet werden oder aber die Zusammenarbeit. Die Koexistenz kann man auch im bereits beschriebenen dualen System von Kotter gestalten. Bei der direkten Zusammenarbeit sollte dann grundlegend am Team-Aufbau gearbeitet werden. Diese Teams durchlaufen alle das Tuckman Modell.

Bruce Tuckman entwickelte 1965 ein Model, das die 4–5 Phasen beschreibt, die jedes Team durchläuft ('Developmental sequence in small groups'. Bruce Tuckman, Psychological Bulletin, 1965, 63(6), 384–399):

Zu Beginn kommen die Team-Mitglieder zusammen und lernen sich kennen. Dann beginnt das ‚umeinander herum schleichen': Man beschnüffelt sich, versucht herauszufinden, was der andere beitragen wird und wie sich das auf die eigene Zukunft auswirkt.

Forming -
Formung
Das Team lernt sich kennen und legt die Grundregeln fest. Die Formalitäten werden eingehalten und die Mitglieder werden wie Fremde behandelt.

Storming -
Sturmphase
Die Mitglieder beginnen, ihre Gefühle mitzuteilen, betrachten sich aber immer noch als Einzelpersonen und nicht als Teil des Teams. Sie wehren sich gegen die Kontrolle durch die Gruppenleiter und zeigen Feindseligkeit.

Norming -
Normung
Die Mitarbeiter fühlen sich als Teil des Teams und erkennen, dass sie Ergebnisse erzielen können, wenn sie andere Standpunkte akzeptieren.

Performing-
Leistung
Das Team arbeitet in einer offenen und vertrauensvollen Atmosphäre, in der Flexibilität und Agilität im Vordergrund stehen und Hierarchien kaum eine Rolle spielen.

Adjourning -
Auflösung
Das Team führt eine Bewertung des Jahres durch. Es plant den Übergang der Rollen und stellt sicher, dass die Beiträge der Mitglieder anerkannt und wertgeschätzt werden.

Bild 26.

Dabei kommt es schon mal zu Reibereien und weniger harmonischen Diskussionen. Irgendwann wird jedoch der Schalter umgelegt und man hat sich zusammengerauft. Jeder findet seinen Platz. Und dann wird geleistet.

Wenn ein Team dauerhaft besteht, durchläuft es die ersten 4 Phasen. Wenn es sich um ein Projekt-Team handelt, wird das Team am Ende des Projekts aufgelöst (adjourned).

Sobald sich die Team-Komposition ändert, beginnt das Team wieder bei Stufe 1: Die Kompetenzen und Persönlichkeiten müssen sich neu sortieren. Die Wahrscheinlichkeit, dass ein neuer Mitarbeiter, der den ausscheidenden ersetzt, absolut identische Kompetenzen, Erfahrungen, Arbeitspräferenzen etc. hat, ist gleich 0. Also muss sich das Team wieder neu organisieren. Wahrscheinlich wird das Team schneller von Stufe 1 auf Stufe 4 gelangen. Wenn jedoch einfach so weitergemacht wird wie bisher und von dem ‚Neuen' erwartet wird, einfach so zu funktionieren wie der Vorgänger, wird das Team schnell auseinanderfallen bzw. die Leistung zurückgehen.

Manche Teams schaffen es nicht, aus der ‚Storming' Phase in die ‚Norming' Phase überzugehen. Dazu hat Patrick Lencioni 2002 sein Konzept der dysfunktionalen Teams entwickelt ('The Five Dysfunctions of a Team: A Leadership Fable', Patrick Lencioni, 2002, Jossey-Bass, ISBN 978-0787960759):

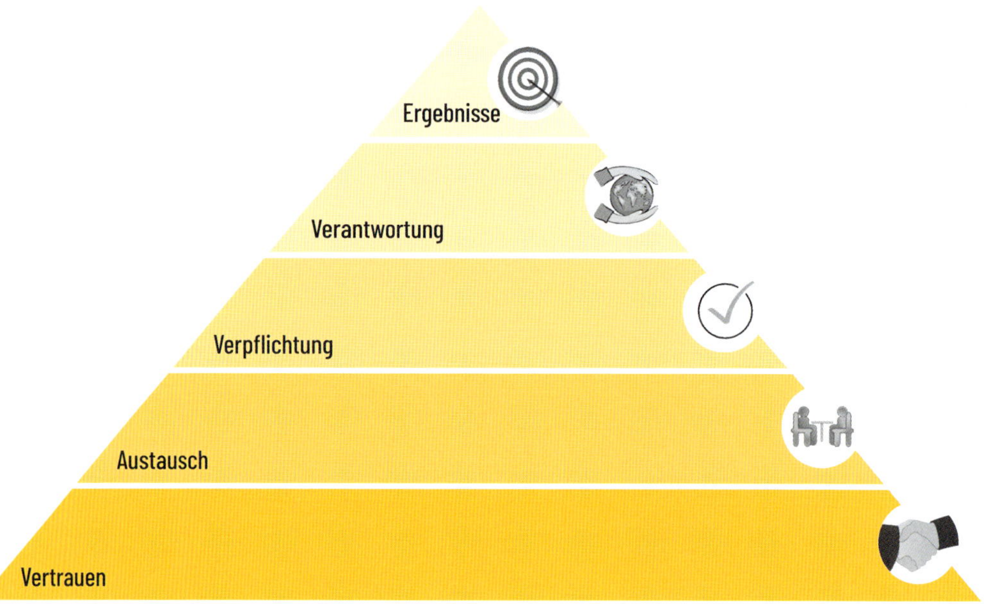

Bild 27.

Teams, die in Phase 2 steckenbleiben, haben kein gegenseitiges Vertrauen aufgebaut. Nur, wenn dies besteht, ist das Team auch in der Lage, sich auszutauschen und auseinanderzusetzen. Lencioni nennt dies gesunden Konflikt: So werden unterschiedliche Ideen und Aspekte offen besprochen, um die beste Lösung zu finden. Wenn man so miteinander arbeitet, verpflichtet man sich auch gerne dem gemeinsamen Ziel und stellt die persönlichen Ziele hintan. Und nimmt sich dafür auch gegenseitig in die Verantwortung. So erreicht das Team das gemeinsame Ziel. Wenn alle diese Komponenten fehlen, handelt es sich um ein dysfunktionales Team.

Sie sehen, wie wichtig es ist, Teams überlegt zusammenzustellen und dann auch gut zu entwickeln. Gerade, wenn die Teams aus sehr unterschiedlichen Persönlichkeiten zusammengestellt werden, muss hieran bedacht und überlegt gearbeitet werden. Die Philosophie der Diversität, der Offenheit gegenüber anderen Ideen und Arbeitsweisen muss durch die Führungskräfte vorgelebt und als Kultur verankert sein.

Ein neuer Geschäftsbereich wird betrieben durch Menschen für Menschen. Die gesellen sich zu den bereits bestehenden Mitarbeitern und Kunden und Lieferanten. Somit kommen neue Berufe, Persönlichkeiten, Arbeitspräferenzen hinzu. Das neue Zusammenleben, neue Teams müssen gestaltet werden. Dabei ist die Unterstützung eines externen Beraters sehr sinnvoll. Zum einen, weil er zusätzliche Erfahrung und Kompetenzen mit sich bringt, zum anderen, weil alle Beteiligten inhaltlich arbeiten sollten, nicht moderierend. Auch wenn die Personal-Abteilung oder ein bestehendes PMO Project Management Office bzw. ein CTO Chief Transformation Office sicher auch ähnliche Kompetenzen mitbringen, sollten sie Teil der Lösung sein und nicht Teil der Moderation.

In meiner Praxis erlebe ich es leider viel zu häufig, dass ich erst hinzugerufen werde, wenn sich das Team als dysfunktional erwiesen hat. Da gilt es dann die Grundlagen für gegenseitiges Vertrauen zu schaffen und jeden da abzuholen, wo er sich befindet. Das ist oft sehr zeitaufwendig. Hätte man die Team-Zusammenstellung direkt extern begleitet, hätte man sich viel Zeit, Energie und Kosten sparen können.

Wie sieht es da bei Ihnen aus? Haben Sie einen guten Prozess, um Teams zusammenzustellen?

Fusionen – Traumhochzeit oder Horror-Ehen?

Wikipedia beschreibt die Fusion wie folgt:
„Unter Fusion wird die Unternehmensverbindung von mindestens zwei bisher rechtlich selbstständigen Unternehmen zu einer wirtschaftlichen und rechtlichen Einheit verstanden, wobei mindestens eines der Unternehmen in das andere aufgeht und dabei seine rechtliche Eigenständigkeit verliert. Die Fusion ist somit eine Form der Unternehmensübernahme, bei der der Kaufpreis für das übernommene Unternehmen in Anteilen des übernehmenden Unternehmens entrichtet wird. Im deutschen Recht erfolgt eine Fusion als Verschmelzung unter dem Umwandlungsgesetz."

www.de.wikipedia.org/wiki/Fusion_(Wirtschaft), (Stand: 22.12.2023)

Es gibt einige Beispiele, wo Fusionen nicht wirklich funktioniert haben. Daimler Chrysler haben sich wieder getrennt, wo die Fusion von Bayer mit Monsanto hinführt, bleibt noch abzuwarten. Dazu später mehr. Wieder andere Fusionen haben dazu geführt, dass eins der beiden Unternehmen aufhörte zu existieren.

Es gibt viele Versionen von Zusammenschlüssen – manche mit der Absicht, die Konkurrenz auszuschalten. Die meisten jedoch versprechen sich durch den Zusammenschluss mit einem anderen Unternehmen Wachstum. Manchmal wird skaliert, man kauft mehr von dem hinzu, was man selbst macht. Manchmal wird komplementiert, man kauft hinzu, was man selbst noch nicht macht.

Egal was die Triebfeder für die Fusion ist: Sie muss sehr gut, intensiv, und umfassend vorbereitet werden. Und damit meine ich nicht die Sorgfaltspflicht, die Due Diligence. Die ist natürlich auch wichtig, man will ja nicht die Katze im Sack kaufen. Darüber hinaus sollte aber auch betrachtet werden, wie die Mitarbeiter ticken, wie motiviert sie sind, wie man sie am besten abholt, wenn die Fusion durchgeführt ist. Wie bereitet man diese ‚Hochzeit' vor? Werden die Braut und der Bräutigam nett, respektvoll und erfolgreich beschrieben? Oder eher als ‚leichte Beute'? Sind der Sinn und Zweck, warum der Zusammenschluss eine gute Idee ist, für alle ersichtlich und logisch? Gibt es andere Argumente als das pure Kostensparen durch Synergien? Gibt es Beispiele, wo so eine Fusion gut funktioniert hat und zu den erwarteten Ergebnissen geführt hat? Wird das gesamte Umfeld beider Unternehmen ausreichend berücksichtigt?

Ich habe einmal eine Fusion begleitet, bei der eine Division eines chemischen Unternehmens von einem anderen chemischen Unternehmen übernommen wurde. Hier wurde davon ausgegangen, dass man sich und die Umstände ja eigentlich gut kennen müsse. Das war leider zu kurz gedacht. Im ‚alten' Unternehmen war dieser Geschäftsbereich erfolgreich auf einer Seitenschiene gefahren. Im ‚neuen' Unternehmen war es plötzlich auf der Hauptschiene gelandet. Somit wurden ganz andere Berichte und Erfolgskennzahlen verlangt. Das haben wir zum Glück noch während des laufenden Transformations-Prozesses festgestellt und konnten es entsprechend korrigieren. Das hätte aber auch gut ins Auge gehen können.

In einem Gespräch mit Dr. Henrik Adam, Vice President European Corporate Affairs von Tata Steel Europe, und Vorsitzender des Vorstands des Stahlinstituts VDEh Verein Deutscher Eisenhüttenleute, haben wir seine Erfahrungen bezüglich einer Fusion erläutert.

Bild 29.

Dr. Henrik Adam

Bevor er 2011 als Chief Commercial Officer zu Tata Steel kam, war er CEO von thyssenkrupp Electrical Steel und Mitglied des Vorstands der Eisen- und Hüttenwerke AG, der börsennotierten Holdinggesellschaft für das Weißblech- und Elektrostahlgeschäft von thyssenkrupp. Zuvor war er in verschiedenen Funktionen bei thyssenkrupp in vielfältiger Verantwortung tätig.

Der 1964 in Essen geborene Adam ist studierter Maschinenbauingenieur und hat sich auf den Bereich der Automobiltechnik spezialisiert, insbesondere auf die Anwendung von Werkstoffen im Fahrzeugbau. Er begann seine berufliche Laufbahn 1991 als Wissenschaftler im Bereich Fahrzeugsicherheitstechnologien, bevor er Geschäftsführer eines deutschen Beratungsunternehmens für Ingenieurdienstleistungen wurde.

Außerhalb der Unternehmen, für die er gearbeitet hat, hatte Adam verschiedene Positionen als Vorstandsmitglied und nicht geschäftsführender Direktor inne.

Interview:

SK: *Herr Dr. Adam, als Sie 2011 zu Tata Steel Europe gewechselt sind, war die Fusion von Corus bereits mehrere Jahre vollzogen. Wie haben Sie die Situation erlebt?*

HA: Auf der einen Seite waren die diversen Unternehmenseinheiten bereits recht gut zusammengewachsen, insbesondere die Schnittstelle zu unseren Kunden waren aber noch sehr wenig integriert und zu wenig strukturiert. Wir haben daher eine neue, strategische Marktausrichtung umgesetzt. Die darin enthaltene Fokussierung auf unsere Kunden und die entsprechenden Märkte haben bewirkt, dass die Zusammenarbeit aller Beteiligten neugestaltet werden musste. Betriebe und Abteilungen, die früher unabhängig agieren konnten, waren nun Teil eines größeren Ganzen. Das hat die Integration neu beflügelt und die Performance nachhaltig gesteigert.

SK: *Wie ist die Situation heute?*

HA: Die Stahlindustrie ist eine kapitalintensive, zyklische Industrie und permanent diversen dynamischen Effekten ausgesetzt. Das erzeugt einen immerwährenden Kosten- und Performance-Druck auf alle Beteiligten. Da wir unsere strategische Neuausrichtung damals schnell umgesetzt haben, waren wir wesentlich flexibler in der Lage, auf geänderte Kundenwünsche und -forderungen sowie auf neue Marktgegebenheiten rasch zu reagieren. Damit waren wir in der Lage auch in wirtschaftlich herausfordernden Zeiten erfolgreich sein zu können. Besonders unsere Konzentration auf einen Technischen Vertrieb und Selektives Marketing hat uns da sehr geholfen. Wir konnten zum einen unsere Marketingexpertise weiter ausbauen, zum anderen uns aber auch eine sehr hohe Kundennähe und -loyalität erarbeiten.

SK: *Die Stahlindustrie ist derzeit besonders gebeutelt. Wie sehen Sie die Zukunft dieser Industrie?*

HA: Wir befinden uns als Stahlindustrie in Westeuropa in der größten Umbruchphase seit Jahrzehnten. Wir müssen uns unter einem enormen Zeitdruck mehr oder weniger neu erfinden. Dabei sind wesentliche Erfordernisse der Zukunft – z. B. grüne Elektrizität oder Wasserstoff – in den erforderlichen Mengen kaum zu international wettbewerbsfähigen Konditionen verfügbar. Daher ist die Deindustrialisierung in Westeuropa eine ernsthafte Bedrohung. Dies gilt nicht nur für die Stahlindustrie, sondern aus meiner Sicht für weite Teile der produzierenden Industrie. Da unser heutiger Wohlstand in Europa aber auf einer erfolgreichen Industrieproduktion basiert, müssen wir unsere Strategie für die Zukunft schnellstmöglich definieren und dann rasch umsetzen. Deswegen ist es elementar wichtig, verstärkt in Netzwerken und Kooperationen zu denken und intensiver – und vielleicht auch anders als bislang – zusammenzuarbeiten.

SK: *Als neuer Präsident von* EUROFER *und Vorsitzender des Stahlinstitut* VDEh *können Sie maßgeblich Einfluss darauf nehmen, wie die Stahlindustrie die Zukunft meistert. Worauf legen Sie Ihren Fokus?*

HA: Ich bin überzeugt davon, dass eine funktionierende Gemeinschaft immer stärker ist als eine Gruppe reiner Individuen. Wenn Europa als Staatengemeinschaft und die

Industrie als Wirtschaftsgemeinschaft beginnen, als Netzwerk zu denken, haben wir eine gute Chance, dass Europa eine starke geopolitische Einheit bilden kann und wir unseren Wohlstand langfristig – insbesondere auch für nachfolgende Generationen – absichern können. Das bedingt kreative Lösungsansätze, wahrscheinlich auch gänzlich neue Organisationsformen.

SK: *Wenn Sie für die Zukunftssicherung Ihres Unternehmens oder des Stahlinstituts auf Berater zurückgreifen, was könnte Sie dazu bewegen, eine Boutique-Beratung zu wählen?*

HA: Gerade in Zeiten, zu denen weniger finanzielle Mittel zur Verfügung stehen, sind kreative Ideen notwendig. Kleinere Beratungsunternehmen sind hier wendiger, da sie einfacher zu skalieren sind – nach oben wie nach unten. Der intensive Austausch mit wenigen Personen führt auch dazu, dass man ein sehr gutes gegenseitiges Verständnis aufbaut. Die Experten kleiner Beratungsunternehmen sind auch davon abhängig, ihre Expertise ständig auf dem neuesten Stand zu halten. Davon profitiere ich als Kunde ungemein.

***

Zu Beginn dieses Buches habe ich darüber gesprochen, dass Skalieren in beide Richtungen geschehen kann: Als Wachstumsstrategie oder als Strategie des Fokussierens. Deswegen möchte ich hier auch ein Gespräch mit Oliver Rüter, Geschäftsführer der L. W. Cretschmar GmbH & Co. KG sowie Vorstandsvorsitzender der SAE System Alliance Europe eG, aufzeichnen, wo wir über eine Absplittung, sozusagen eine ‚negative Fusion' reden.

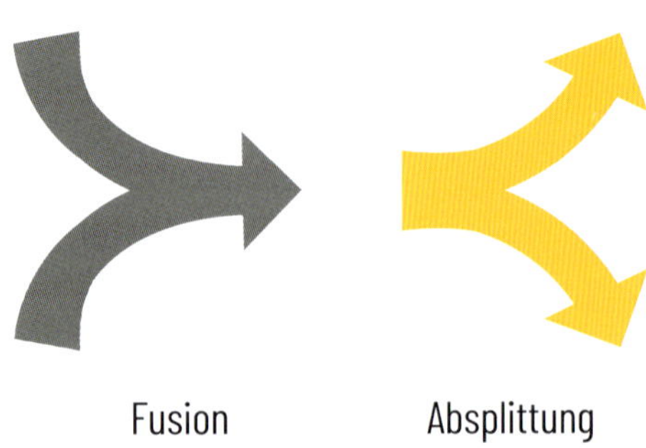

Bild 30.

Bild 31.

Oliver Rüter

Oliver Rüter, seit 2016 Geschäftsführender Gesellschafter der L.W. Cretschmar Süd GmbH & Co. KG in Düsseldorf, Nordrhein-Westfalen, Deutschland, kann auf eine beeindruckende berufliche Laufbahn zurückblicken. Seine umfangreiche Erfahrung erstreckt sich über verschiedene Positionen und Verantwortlichkeiten in der Logistik- und Transportbranche.

Seit Februar 2021 ist er zudem Vorstandsvorsitzender der System Alliance Europe eG, einer bedeutenden europäischen Logistikallianz (www.systemallianceeurope.net).

Bereits seit Oktober 2001 ist Oliver Rüter als Geschäftsführer der L.W. Cretschmar Espanola, S.A. tätig, einem Unternehmen mit Sitz in Spanien. In den Jahren von 2004 bis 2020 hatte er zudem die Position des Direktors Europa bei der L.W. Cretschmar GmbH & Co. KG inne.

Die Karriere von Oliver Rüter begann bereits im Jahr 1996 mit der Gründung der CLONDIAG GmbH. Zuvor sammelte er Erfahrungen als Sachbearbeiter für europäische Landverkehre bei verschiedenen Unternehmen, darunter L.W. Cretschmar Espanola, S.A., Groupe Heppner und Messeservice Rüter.

Oliver Rüters Ausbildung unterstreicht sein fundiertes Wissen im internationalen Management. Er absolvierte ein Erasmus-Auslandsstudium an der Universad Complutense in Madrid, Spanien, wo er sich auf Internationales Management, Spanisch und Interkulturelles Management konzentrierte. Darüber hinaus erwarb er seinen Diplomabschluss in Betriebswirtschaftslehre und Interkulturellem Management an der Friedrich Schiller Universität Jena.

Interview:

SK: *Herr Rüter, in 2016 entstand aus der Firma Cretschmar die L.W. Cretschmar GmbH & Co KG und die ‚neue' Cretschmar. Das Familienunternehmen hat sich bezüglich der Geschäftsinhalte und der regionalen Orientierung aufgeteilt. Was waren die Triebfedern?*

OR: Die Aufspaltung der Firma L.W. Cretschmar GmbH & Co. Kg in die L.W. Cretschmar GmbH & Co. KG und die L.W. Cretschmar Süd GmbH & Co. Kg war das Ergebnis einer strategischen Entscheidung, die darauf abzielte, die jeweiligen Kernkompetenzen zu stärken und eine klare Fokussierung in Bezug auf Geschäftsinhalte und regionale Ausrichtung zu erreichen.

Die L.W. Cretschmar GmbH & Co. KG Süd konzentrierte sich auf die Fortführung des Geschäftsbereichs, der zuvor als CretschmarCargo bekannt war. Dieser Teil des Unternehmens spezialisierte sich auf globale Transport- und Lagerlösungen mit einem klaren Fokus auf dem Korridor zwischen Deutschland und der Iberischen Halbinsel. Insbesondere lag und liegt der Schwerpunkt auf verpackten Waren im Bereich B2B, wobei Premiumprodukte für die Chemical Life Science Industry angeboten werden. Die Entscheidung, dieses Branding im Gegensatz zur restlichen Cretschmar-Familie beizubehalten, verdeutlichte die Absicht, die etablierte Position in diesem spezialisierten Marktsegment beizubehalten und weiter auszubauen.

Die Aufteilung ermöglichte beiden Unternehmen, ihre strategischen Ziele unabhängig voneinander zu verfolgen und flexibler auf die sich ändernden Marktanforderungen zu reagieren. Die klare Trennung der Geschäftsbereiche erleichterte es auch, spezifische Ressourcen und Kompetenzen gezielt zu entwickeln und zu optimieren. Dieser strategische Schritt ermöglichte es beiden Unternehmen, sich besser auf ihre spezifischen Geschäftsfelder zu konzentrieren und gleichzeitig ihre individuellen Stärken weiter auszubauen.

SK: *Sie haben somit das Gegenteil einer Fusion betrieben. Wie lief der Vorgang ab?*

OR: Die Entscheidung, die Aufspaltung der Firma Cretschmar in die L.W. Cretschmar GmbH & Co. KG und die ‚neue' Cretschmar zu vollziehen, war ein durchdachter Prozess, der mehrere Aspekte umfasste, darunter Personalthemen, Strategie und Unternehmenskultur.

1. Personalthemen: Der Vorgang begann mit einer gründlichen Analyse der bestehenden Mitarbeiterstruktur und der Qualifikationen innerhalb des Unternehmens. Dabei wurde darauf geachtet, dass die Aufspaltung möglichst reibungslos verlief und die richtigen Mitarbeiter den jeweiligen Geschäftsbereichen zugeordnet wurden.
2. Strategie: Die Aufspaltung war Teil einer umfassenderen strategischen Neuausrichtung, bei der die Ziele und Schwerpunkte jedes Teils des Unternehmens klar definiert wurden. Dies umfasste die Identifizierung der Kernkompetenzen jedes Unternehmenszweigs sowie die Ausarbeitung spezifischer Geschäftsstrategien, um die Marktführerschaft in ihren jeweiligen Segmenten zu erreichen oder zu festigen.
3. Unternehmenskultur: Bei der Aufspaltung spielte auch die Unternehmenskultur eine entscheidende Rolle. Es war wichtig sicherzustellen, dass die Werte und Prinzipien, die die Kultur von Cretschmar geprägt hatten, in beiden neuen Unternehmen weitergeführt wurden. Es wurden klare Kommunikationswege etabliert, um die Mitarbeiter über die Veränderungen zu informieren und sicherzustellen, dass sie sich weiterhin mit den Zielen und Werten ihres jeweiligen Unternehmens identifizieren konnten.
4. Kommunikation: Die Kommunikation war ein wesentlicher Bestandteil des gesamten Prozesses. Die Führungsebene hat eine klare und transparente Kommunikation mit den Mitarbeitern, Kunden und anderen Stakeholdern gepflegt, um Unsicherheiten zu minimieren und Vertrauen zu schaffen.
5. Implementierung: Die Umsetzung der Aufspaltung erfolgte schrittweise und gut koordiniert, um Betriebsunterbrechungen zu minimieren. Dies umfasste auch die Einführung neuer Systeme und Prozesse sowie die Anpassung von Unternehmensstrukturen.

SK: *Wie beurteilen Sie Ihren Erfolg heute?*

OR: Nach mehreren Jahren seit der Aufspaltung und der Gründung der L.W. Cretschmar GmbH & Co. KG sowie der ‚neuen' Cretschmar können wir stolz auf die erzielten Erfolge zurückblicken. In dieser Zeit haben wir bedeutende Meilensteine erreicht und uns erfolgreich in unseren jeweiligen Marktsegmenten positioniert.

Beide Unternehmen haben ihre spezifischen Geschäftsbereiche weiterentwickelt und konnten ihre Positionen als führende Anbieter in ihren Märkten festigen. Die L.W. Cretschmar Süd GmbH & Co. KG hat sich erfolgreich auf globale Transport- und Lagerlösungen mit Schwerpunkt im Korridor zwischen Deutschland und der Iberischen Halbinsel spezialisiert. Dabei konnten wir unsere Dienstleistungen in der B2B-Branche sowie im Premiumsegment für die Chemical Life Science Industry erfolgreich ausbauen.

Die Zufriedenheit unserer Kunden und Speditionspartner steht im Mittelpunkt unseres Handelns. Durch unsere klare Fokussierung auf Qualität und digitale Exzellenz haben wir es geschafft, erstklassige Transport- und Warehouse-Lösungen anzubieten. Unser individueller Ansatz, gepaart mit transparenten Prozessen und einem globalen Netzwerk von ‚local Heros' hat dazu beigetragen, langfristige Beziehungen mit unseren Partnern aufzubauen und ihre Erwartungen zu übertreffen.

Die Einführung des Daten-, Prozess-, Leistungs- und Qualitätsmonitorings in Zusammenarbeit mit der System Alliance Europe, einem europäischen Netzwerk von familiengeführten Transport- und Logistik-Unternehmen, hat sich als Schlüsselelement unserer Erfolgsgeschichte erwiesen. Unsere Bemühungen im Bereich der Digitalisierung, angefangen bei einem neuen TMS Transport-Management-System für produzierende Betriebe bis hin zur Entwicklung modularer Softwarelösungen auf der ‚CC Süd Cloud', haben die Effizienz gesteigert und uns als innovativen Player in der Branche positioniert.

Die klare Marktpositionierung im Bereich der verpackten Ware der Chemical Live Science und aller zuladbaren Güter hat es uns ermöglicht, unsere Präsenz im Korridor zu erweitern und Franchise-Führungsstrukturen für eigene und kooperativ betriebene Niederlassungen zu etablieren. Darüber hinaus haben wir unser Leistungsspektrum stetig angepasst, um den sich verändernden Marktanforderungen gerecht zu werden.

Die Umsetzung eines umfassenden Nachhaltigkeitskonzepts, einschließlich des ‚Projekts 8,5 %', spiegelt unser Engagement für soziale Verantwortung und Umweltschutz wider. Gleichzeitig haben wir den Generationswechsel in Spanien strategisch vorbereitet und die Homebase erfolgreich etabliert.

Insgesamt können wir mit Stolz sagen, dass die Aufspaltung der Firma Cretschmar die richtige Entscheidung war. Unsere Erfolge in den vergangenen zwei Jahren bestätigen, dass wir auf dem richtigen Weg sind, um unsere Position als führender Anbieter von grenzüberschreitenden Transport- und Warehouse-Lösungen für die Industrie weiter zu festigen und auszubauen.

SK: *Was waren die größten Erfolgsfaktoren?*

OR: Neben den bereits erwähnten Faktoren spielte zusätzlich eine große Rolle, dass wir sowohl auf Tradition als auch auf Innovation setzen: Die erfolgreiche Verbindung von traditionellen Speditionskompetenzen mit innovativem Datenmanagement hebt uns als einzigartigen Anbieter hervor. Durch die Kombination von Erfahrung in der Produktion (Quality Excellence) mit modernem Datenmanagement (Digital Excellence) haben wir eine einzigartige Position auf dem Markt eingenommen.

Das Herzstück unseres Erfolgs sind jedoch unsere Mitarbeiter. Durch eine offene Kommunikation und aktive Einbindung konnten wir sicherstellen, dass das Team die Veränderungen positiv aufnahm. Schulungen und Weiterbildungen wurden angeboten, um die Anpassung an neue Arbeitsweisen und Technologien zu erleichtern. Das hohe Maß an Mitarbeiter-Engagement hat dazu beigetragen, dass die Umstellung reibungslos verlief und alle Beteiligten den Wandel als Chance für persönliches und berufliches Wachstum begriffen.

Ein gut durchdachtes Change-Management war entscheidend für den erfolgreichen Verlauf der Transformation. Hierbei lag der Fokus auf klaren Kommunikationswegen, regelmäßigen Updates und der Bereitstellung von Ressourcen zur Unterstützung der Mitarbeiter bei der Anpassung an neue Prozesse und Strukturen. Das Management stand im ständigen Dialog mit den Teams, um Feedback aufzunehmen und gegebenenfalls Anpassungen vorzunehmen. Diese iterative Vorgehensweise trug dazu bei, Widerstände zu minimieren und eine positive Einstellung zum Wandel zu fördern.

Die Pflege der gemeinsamen Unternehmenskultur war ein Schlüsselaspekt des Change-Managements. Die Werte von Cretschmar wurden bewusst in den neuen Strukturen bewahrt, um Kontinuität zu gewährleisten. Durch Teambuilding-Maßnahmen und die Förderung einer offenen Kommunikationskultur wurde die Zusammenarbeit gestärkt. Die Einbindung der Mitarbeiter in Entscheidungsprozesse schuf ein Gefühl der Mitverantwortung und förderte die Identifikation mit den Unternehmenszielen.

Der Erfolg im Bereich Innovation und Digitalisierung wäre ohne die Innovationsbereitschaft der Mitarbeiter nicht möglich gewesen. Durch die Schaffung eines Umfelds, in dem neue Ideen gefördert und belohnt wurden, konnten wir sicherstellen, dass das Unternehmen stets auf dem neuesten Stand bleibt. Mitarbeiter wurden ermutigt, aktiv an der Gestaltung von Veränderungsprozessen teilzunehmen, was zu einer kreativen und dynamischen Atmosphäre beitrug.

Die Implementierung eines umfassenden Nachhaltigkeitskonzepts wurde nicht nur als unternehmerische Verpflichtung betrachtet, sondern auch als Möglichkeit, die Mitarbeiter stolz auf ihre Arbeit zu machen. Die Ausrichtung auf nachhaltige Praktiken stärkte das Gemeinschaftsgefühl und das Bewusstsein für die positiven Auswirkungen, die unser Unternehmen in der Welt haben kann.

SK: *Haben Sie diesen Prozess durch eine Beratung unterstützen lassen? Wenn ja, wie waren Ihre Erfahrungen damit?*

OR: Wir haben uns nur für bestimmte Themen durch kleinere Unternehmensberatungen unterstützen lassen. Kleine Unternehmensberatungen können sich besser auf unsere individuellen Bedürfnisse und Ziele konzentrieren.

Dabei haben sich dann auch sehr gute persönliche Beziehungen gebildet. Das gegenseitige Vertrauen hat zur Folge gehabt, dass man viel mehr, viel intensiver und viel ehrlicher über alle Themen reflektiert hat. Das hat sehr interessante und außergewöhnliche Lösungsansätze hervorgebracht.

Darüber hinaus sind kleinere Beratungsfirmen flexibler und können sich schneller an Veränderungen anpassen. Dies ist besonders wichtig in unserer Situation der Abspaltung, da sich die Anforderungen und Umstände permanent verändert haben.

Kleinere Beratungen arbeiten mit kleineren Teams, so dass eine engere Zusammenarbeit und ein tieferes Verständnis unserer Situation ermöglicht wurden. Darüber hinaus hat die Beratung auch nur die Berater mit einbezogen, die wir zu dem Zeitpunkt benötigten. Das hat uns enorme Kosten gespart. Wenn dann ein Experte hinzugezogen wurde, war das auch wirklich ein Experte. Und auch wenn wir zu manchen Zeitpunkten mehrere Berater dieses Teams im Hause hatten: Die Entscheidungen sind immer sehr schnell und effizient gefallen.

***

Gleiches Bett oder Wochenend-Ehe – Mit der richtigen Struktur steht oder fällt das Ganze

Wir kennen sicher viele Unternehmenszusammenschlüsse, die eine gemeinsame Unternehmensführung zur Folge hatten, also quasi eine vollzogene Ehe. Dann gibt es Fusionen, wo die zusammengeschlossenen Unternehmen eine gewisse Eigenständigkeit behalten.

Nach Fusionen können verschiedene Organisationsformen angenommen werden, je nach den strategischen Zielen und den Umständen der Fusion.

- **Integriertes Unternehmen:** In dieser Organisationsform werden die fusionierten Unternehmen vollständig in ein einziges Unternehmen integriert. Es gibt eine einheitliche Organisationsstruktur, eine gemeinsame Geschäftsleitung und eine konsolidierte Unternehmensführung. Die Marken und Geschäftseinheiten der fusionierten Unternehmen können ebenfalls zusammengeführt werden.
- **Holdinggesellschaft:** Eine Holdinggesellschaft ist eine Organisationsstruktur, bei der das fusionierte Unternehmen als Dachgesellschaft fungiert, unter der verschiedene Tochterunternehmen oder Geschäftseinheiten agieren. Jedes Tochterunternehmen kann seine eigene Organisationsstruktur, Geschäftsleitung und Marke behalten, während die Holdinggesellschaft eine übergeordnete strategische Ausrichtung bietet.
- **Joint Venture:** In einem Joint Venture arbeiten die fusionierten Unternehmen als gleichberechtigte Partner zusammen, um ein gemeinsames Unternehmen zu gründen und bestimmte Geschäftsaktivitäten oder Projekte gemeinsam zu betreiben. Die fusionierten Unternehmen behalten ihre rechtliche Eigenständigkeit, haben aber eine gemeinsame Geschäftsbeziehung.
- **Konföderation:** In dieser Organisationsform behalten die fusionierten Unternehmen ihre rechtliche und organisatorische Eigenständigkeit, arbeiten aber in bestimmten Bereichen zusammen und koordinieren ihre Aktivitäten, um gemeinsame Ziele zu erreichen. Es gibt keine vollständige Integration, sondern eine lockere Zusammenarbeit.
- **Spin-offs und Ausgliederungen:** Nach einer Fusion können bestimmte Geschäftseinheiten oder Abteilungen des fusionierten Unternehmens als eigenständige Unternehmen ausgegliedert oder abgespalten werden. Dies geschieht, um sich auf das Kerngeschäft zu konzentrieren oder bestimmte Geschäftsbereiche zu veräußern.
- **Sektorspezifische Struktur:** In einigen Fällen kann die Organisationsform des fusionierten Unternehmens von der spezifischen Branche abhängen, in der es tätig ist. Einige Branchen haben spezifische regulatorische Anforderungen oder Marktbedingungen, die die Organisationsstruktur beeinflussen können.

Bei der Wahl der Organisationsform sollten die Unternehmenskultur, die Branche und die rechtlichen Rahmenbedingungen neben der Strategie und Zielsetzung eine Rolle spielen. Die Entscheidung für die richtige Organisationsform ist maßgeblich für den Erfolg der Fusion und die Umsetzung der strategischen Ziele des fusionierten Unternehmens.

Ein Beispiel für eine sehr entfernte Beziehung ist die Struktur der Unternehmen von Warren Buffet: Sein Unternehmen besteht aus einer Holdinggesellschaft namens Berkshire Hathaway Inc. Berkshire Hathaway ist ein multinationaler Mischkonzern mit Hauptsitz in Omaha, Nebraska, USA. Die Struktur von Berkshire Hathaway ist einzigartig und unterscheidet sich von vielen anderen Unternehmen.

- **Holdinggesellschaft:** Berkshire Hathaway ist eine Holdinggesellschaft, die eine Vielzahl von Tochterunternehmen besitzt. Das bedeutet, dass Berkshire Hathaway selbst nicht in der operativen Geschäftstätigkeit der Tochterunternehmen tätig ist, sondern lediglich Anteile an diesen Unternehmen hält.

- **Diversifikation:** Berkshire Hathaway ist bekannt für seine breite Diversifikation in verschiedene Branchen. Das Unternehmen hält Beteiligungen an Unternehmen aus Bereichen wie Versicherungen, Finanzdienstleistungen, Konsumgütern, Energie, Transport, Medien und vielen anderen.
- **Langfristige Investitionen:** Die Investitionsstrategie von Berkshire Hathaway ist langfristig ausgerichtet. Das Unternehmen hält oft seine Investitionen für viele Jahre und verfolgt eine ‚buy-and-hold'-Strategie, behält also die Investitionen für eine längere Zeit, anstatt häufig zu handeln.
- **Dezentrale Struktur:** Berkshire Hathaway hat eine dezentrale Organisationsstruktur. Jedes Tochterunternehmen innerhalb des Konzerns behält seine eigene Unternehmensführung und Autonomie, was bedeutet, dass die Geschäftsentscheidungen in der Regel auf Ebene der Tochterunternehmen getroffen werden.
- **Cash-Reserven:** Berkshire Hathaway hält oft beträchtliche Bargeldreserven. Warren Buffett ist bekannt dafür, Cash in großem Umfang zu halten, um Investitionsmöglichkeiten zu nutzen, wenn sich günstige Gelegenheiten ergeben.
- **Keine Dividenden:** Berkshire Hathaway zahlt normalerweise keine Dividenden an seine Aktionäre. Stattdessen reinvestiert das Unternehmen Gewinne in neue Investitionen oder Akquisitionen.
- **Akquisitionen:** Berkshire Hathaway ist dafür bekannt, Unternehmen zu erwerben, wenn sie als wertorientierte Investitionen angesehen werden. Buffetts Philosophie ist es, Unternehmen zu erwerben, die langfristig erfolgreich sind und eine starke Position in ihren Branchen haben.

Die Struktur von Berkshire Hathaway hat sich im Laufe der Jahre entwickelt und ist das Ergebnis einer erfolgreichen Investitionsstrategie und einer einzigartigen unternehmerischen Vision von Warren Buffett. Als eine der größten und erfolgreichsten Holdinggesellschaften der Welt genießt Berkshire Hathaway einen besonderen Ruf in der Finanzwelt und wird oft als Paradebeispiel für erfolgreiche Investitionen und Unternehmensführung betrachtet.

Eine aktuelle Übersicht der Struktur finden Sie hier: *https://www.berkmansolutions.com/articles/entities/berkshire-hathaway-corporate-structure* (Stand: 03.01.2024)

Hier besteht somit eine Holding mit einer Handvoll Mitarbeitern, die eine Vielzahl unabhängiger Unternehmen koordiniert.

Ähnlich, jedoch mit etwas mehr Einfluss agiert zum Beispiel die Haniel Holding: Die Haniel Holding Company ist ein deutscher Familienkonzern mit Hauptsitz in Duisburg, Deutschland. Die Haniel Holding ist bekannt für ihre langfristige und nachhaltige Investitionsstrategie und hält Beteiligungen an verschiedenen Unternehmen in unterschiedlichen Branchen. Nachhaltige Investitionen zielen darauf ab, nicht nur finanzielle Renditen zu erzielen, sondern auch positive Auswirkungen auf Umwelt und Gesellschaft zu haben. Die Struktur der Haniel Holding ist geprägt von ihrer dezentralen Organisation und ihrer Fokussierung auf die langfristige Entwicklung ihrer Beteiligungen. Somit ähnelt sie Berkshire Hathaway, es gibt aber auch Unterschiede:

- **Familienunternehmen:** Die Haniel Holding ist ein Familienunternehmen und wird von der Familie Haniel kontrolliert. Die Familie hat eine langfristige Perspektive auf die Entwicklung des Unternehmens und verfolgt eine nachhaltige Unternehmensführung.
- **Diversifikation:** Die Haniel Holding ist für ihre breite Diversifikation in verschiedenen Branchen bekannt. Sie ist in Bereichen wie Handel, Chemie, Dienstleistungen und Immobilien tätig.
- **Langfristige Investitionsstrategie:** Die Haniel Holding verfolgt eine langfristige Investitionsstrategie und hat oft das Ziel, ihre Beteiligungen über viele Jahre zu halten und langfristiges Wachstum und Erfolg zu fördern.
- **Dezentrale Struktur:** Die Haniel Holding hat eine dezentrale Struktur, bei der jedes Beteiligungsunternehmen eine hohe Eigenständigkeit und Autonomie behält. Die operativen Geschäfte und Entscheidungen werden auf Ebene der Tochterunternehmen getroffen.
- **Beteiligungen:** Die Haniel Holding hält Beteiligungen an verschiedenen Unternehmen in unterschiedlichen Geschäftsbereichen. Die Beteiligungen können sowohl direkte Mehrheitsbeteiligungen als auch Minderheitsbeteiligungen umfassen.
- **Förderung der Beteiligungsunternehmen:** Die Haniel Holding unterstützt ihre Beteiligungsunternehmen bei der strategischen Ausrichtung, bei Finanzierung und Liquidität sowie bei der Entwicklung und Umsetzung von Wachstumsstrategien.

Mehr über die Struktur der Haniel Holding finden Sie hier:
https://www.haniel.de/de/ueber-haniel/#c530 (Stand: 03.01.2024)

Für alle anderen Versionen der Zusammenschlüsse fallen Ihnen sicher ebenfalls einige Beispiele ein. Alle Organisationsstrukturen haben Vor- und Nachteile. Alle dienen unterschiedlichen Zielen und haben unterschiedliche Implikationen. Schon bei der Vorbereitung für die Fusion, in der Phase der Entscheidungsfindung und danach in der Due Diligence, sollte berücksichtigt werden, welche optimale Organisationsstruktur man wählen sollte. Die richtige wird das neue Unternehmen beflügeln, die falsche ersticken.

Ein externer Berater bringt hier Erfahrungen mit von ähnlichen Zusammenschlüssen, die es ermöglichen, alle Optionen zu eruieren. Je früher ein Berater hinzugezogen wird, desto eher ist die Findung der optimalen Form objektiv, effektiv und erfolgreich. Sobald sich erste Ideen gebildet haben, wie das zukünftige Konstrukt auszusehen hat, fällt es den Betroffenen oft schwerer, diese Idee wieder fallenzulassen.

In persönlichen Gesprächen und Workshops überprüfen wir genau, welche Komponenten und Elemente eine Rolle spielen, um die optimale Struktur zu definieren.

Am besten wäre natürlich, wenn der Berater sogar noch früher mitgestalten kann: wenn die Strategie überprüft wird, wobei man feststellt, dass man diese Ziele organisch nicht erreichen kann und somit einen Partner suchen muss. Wenn also die Entscheidung getroffen werden könnte, eine Fusion anzubahnen. Manchmal ist es gar nicht notwendig, einen Partner zu kaufen, manchmal gibt es auch andere Wege der Zusammenarbeit, die durchaus eine Rolle spielen sollten. Hier bringt der Berater sehr wertvolle Impulse.

1 + 1 = A, nicht 3 – Die Kultur ist das A und O

Als Beispiele von schwierigen bis nicht wirklich erfolgreichen Fusionen fallen einem schnell die Geschichten Daimler-Chrysler sowie Bayer-Monsanto ein. Auch wenn bei diesen Beispielen viel strategische Gründe eine Rolle spielen, ist die Komponente der Integration der Mitarbeiter und somit das Schaffen einer neuen Kultur von immenser Wichtigkeit.

Die Fusion zwischen Daimler-Benz (jetzt Daimler AG) und der Chrysler Corporation im Jahr 1998 ist ein bemerkenswertes Beispiel für eine gescheiterte Fusion. Die Rolle der Unternehmenskultur war in diesem Fall von großer Bedeutung und trug maßgeblich zum Scheitern der Fusion bei.

- Daimler-Benz und Chrysler hatten sehr unterschiedliche Unternehmenskulturen. Daimler-Benz war ein traditionsreiches deutsches Unternehmen mit einer konservativen, hierarchischen und auf Technik fokussierten Kultur. Chrysler hingegen war eine amerikanische Autofirma, die eine eher informelle, risikofreudige und auf den Verkauf ausgerichtete Kultur hatte. Die Kluft zwischen diesen Kulturen führte zu Spannungen und erschwerte die Zusammenarbeit.
- Die Art und Weise, wie Entscheidungen getroffen wurden, war in beiden Unternehmen verschieden. Daimler-Benz bevorzugte oft eine langsame und gründliche Entscheidungsfindung, während Chrysler eher schnell und pragmatisch handelte. Diese Unterschiede erschwerten die Integration und die Abstimmung bei wichtigen strategischen Entscheidungen.
- Die Kommunikationsstile und -strukturen waren ebenfalls andersartig. Die deutschen und amerikanischen Mitarbeiter hatten möglicherweise Schwierigkeiten, effektiv zu kommunizieren und Informationen auszutauschen, was die Zusammenarbeit behinderte und zu Missverständnissen führte. Das lag nicht nur an der sprachlichen Barriere, sondern auch an der Art, wie und über was kommuniziert wurde.
- Die Führungsstile der beiden Unternehmen waren unterschiedlich, was zu Konflikten und Machtkämpfen zwischen den Führungsteams führte. Hierarchie traf auf Kollaboration. Das deutsche Streben nach Kontrolle und Dominanz führte zu internen Konflikten anstelle einer kooperativen und integrativen Fusion.
- Um Synergien zu realisieren und Kosten zu senken, wurden nach der Fusion massive Stellenstreichungen vorgenommen. Dies führte zu Unruhe und Unsicherheit unter den Mitarbeitern beider Unternehmen und trug zu einem negativen Arbeitsklima bei.

Die erhofften Synergieeffekte konnten nicht in vollem Umfang realisiert werden, und die Fusion wurde schließlich als gescheitert erklärt. 2007 trennte sich Daimler von Chrysler, indem es die Mehrheit seiner Anteile an den US-amerikanischen Finanzinvestor Cerberus Capital Management verkaufte.

Eine Fusion zweier Unternehmen führt immer dazu, dass ein neues Unternehmen entsteht. Beide Unternehmen, egal ob es als das ‚aufnehmende' oder das ‚eingehende' betrachtet wird, bekommen eine neue Kultur, eine neue Vision, eine neue Strategie. Dies gilt es zu gestalten, zu kommunizieren und bezüglich der Transformation zu managen.

Was ich persönlich als Mitarbeiterin der Dow Chemical durch die Integration von Union Carbide gelernt und bei anderen Unternehmen oft als fehlend gesehen habe, sind die Disziplin und der Umfang des Transformations-Managements zu einer neuen Kultur. Bei Dow wurde allen Mitarbeitern am Tag 1 des neuen Unternehmens ein Paket nachhause geschickt, wo deutlich gemacht wurde, dass jetzt eine neue Ära begonnen hatte. An allen Gebäuden wurde zur gleichen Zeit das Logo ausgetauscht. Die Führungskräfte waren alle an Bord und geschult, um die neue Dow zu leben. Es gab keine Frage, die ein Mitarbeiter haben konnte, die nicht beantwortet wurde, entweder pro-aktiv oder aber bei Gelegenheiten, wo man Fragen stellen konnte. Alles, was an die alten Unternehmen erinnerte, wurde erneuert. Es war wirklich ein neues Unternehmen.

Bei anderen Unternehmen konnte ich selbst noch nach mehreren Jahren Hinweise auf die früheren Unternehmen sehen. Ich bekam Unterlagen auf ‚altem' Briefpapier. Logos des alten Unternehmens waren noch sichtbar an Gebäuden montiert. Selbst die Mitarbeiter-Arbeitskleidung trug noch das alte Logo, in einem Fall sogar das Logo des Vor-Vorgängers. Die Nachricht war hier eindeutig: „*Wir haben unsere alte Eigenständigkeit beibehalten und orientieren uns nicht an der neuen Situation. Wir leben unser Leben so weiter wie bisher, wie die anderen leben, ist uns egal.*" Es wurde somit keine neue Kultur kreiert, implementiert und gelebt. Diese Fusion ist nicht vollzogen worden und hat mittelfristig zu schlechten Ergebnissen bis zur Zerschlagung des Unternehmens geführt.

Oft wird darauf hingewiesen, dass ein Zusammenschluss, im Gegensatz zur Übernahme, das Zusammengehen zweier gleichberechtigter Partner, quasi wie in einer Ehe, beschreibt. Wie das die Mitarbeiter empfinden, hängt von sehr vielen Faktoren ab. Das beginnt bereits damit, welcher zukünftige Firmenname gewählt wird. Ähnlich wie bei einer Ehe wird darüber diskutiert, welcher ‚Familienname' gewählt wird, ob man einen Doppelnamen nimmt, und welcher dann zuerst genannt wird. Als fusioniertes Unternehmen hat man auch die Möglichkeit, einen komplett neuen Namen zu wählen. Hier sind zwei Beispiele dafür:

- Verizon Communications Inc.: Im Jahr 2000 fusionierten Bell Atlantic und GTE Corporation zu Verizon Communications Inc., einem Telekommunikationsunternehmen, das in den USA tätig ist. Der neue Name sollte die Vision des Unternehmens als führender Anbieter von Kommunikationsdiensten für das digitale Zeitalter verdeutlichen.

- DowDuPont: Die Chemieunternehmen Dow Chemical und DuPont fusionierten im Jahr 2017 zu DowDuPont, bevor sie später in drei eigenständige Unternehmen aufgeteilt wurden: Dow Inc., DuPont de Nemours und Corteva Agriscience.

Sie sehen, wie wichtig es sein kann, dass Unternehmen nach einer Fusion einen neuen Unternehmensnamen wählen. Dadurch wird die neue Identität des fusionierten Unternehmens widergespiegelt, die Integration symbolisiert und eine starke Marke für die Zukunft etabliert. Die Wahl des Namens ist oft das Ergebnis sorgfältiger Überlegungen, um die strategischen Ziele und den gewünschten Markenauftritt des fusionierten Unternehmens zu unterstützen.

Warum verändert sich die Unternehmenskultur aufgrund des Zusammenschlusses? Schauen wir uns einmal die Elemente an, die eine Unternehmenskultur ausmachen. Sie werden schnell sehen, dass die bei keinen zwei Unternehmen gleich sein können.

Bild 32.

Elemente einer Unternehmenskultur sind zum Beispiel:

- **Werte und Ethik**: die grundlegenden Überzeugungen und Werte, die das Verhalten der Mitarbeiter und Führungskräfte im Unternehmen leiten. Diese Werte können zum Beispiel Ehrlichkeit, Integrität, Respekt, Teamarbeit und Kundenzufriedenheit umfassen. Diese Werte sind oft aus der Geschichte erwachsen, was sie einzigartig für das Unternehmen machen. Selbst bei Werten wie ‚Ehrlichkeit' ist die Belegung des Begriffs durchaus unterschiedlich, weil man verschiedene Erfahrungen mit der positiven und negativen Ausprägung gemacht hat.
- **Vision und Mission**: die klare und inspirierende Vision und Mission des Unternehmens, die die langfristigen Ziele und Zwecke des Unternehmens definiert und als Leitfaden für Entscheidungen und Handlungen dient. Manchmal wird

diese Zukunft auch als Bild dargestellt. Ich habe vor Kurzem einen sehr guten Kommentar dazu gehört: Wenn man sich als Fremder die bildliche Darstellung einer Vision eines Unternehmens anschaut, ist das ein wenig so, als ob man sich Familienfotos einer anderen Familie anschaut. Die Tiefe der Erfahrungen und des Zusammenhangs kann man als Außenstehender nicht erfassen. Genauso ist es bei Visionen eines anderen Unternehmens. Die kann man nicht einfach übernehmen. Man muss gemeinsam eine neue schaffen.

- **Führungsstil:** die Art und Weise, wie Führungskräfte das Unternehmen leiten und ihre Mitarbeiter motivieren und unterstützen. Der Führungsstil kann zum Beispiel demokratisch, autoritär, coachend oder partizipativ sein. Es gibt eine Vielzahl an Definitionen von Führungsstilen. Trotzdem werden die Ausprägungen in den Unternehmen unterschiedlich sein. Zum einen gehört der Führungsstil zur Kultur, die, wie wir bereits festgestellt haben, sehr individuell ist. Zum anderen wird der Führungsstil durch die entsprechende Person so gelebt, wie das für diese Person natürlich und authentisch ist.
- **Kommunikation:** die Art und Weise, wie Informationen und Ideen innerhalb des Unternehmens ausgetauscht und kommuniziert werden. Offene und transparente Kommunikation fördert eine positive Unternehmenskultur. Auch hier ist wieder die Verbindung zur Kultur. Man kann eine offene und transparente Kommunikation haben und trotzdem gewisse Themen für bestimmte Gruppen ausschließen.
- **Teamarbeit und Zusammenarbeit:** der Grad, in dem Teamarbeit gefördert und unterstützt wird. Eine Kultur, die Zusammenarbeit und Kooperation zwischen den Mitarbeitern fördert, kann die Leistungsfähigkeit des Unternehmens steigern. Das ‚Wir-Gefühl' kann durchaus unterschiedlich sein. Zunächst gilt es bei einer Fusion zu überwinden, dass die zwei Mitarbeiter-Gruppen sich mental unterscheiden in ‚wir' und ‚die'. Es muss ein neues, gemeinsames ‚wir' geschaffen werden. Auch, ob ein Unternehmen in Silos denkt, in Funktionen, in Regionen, macht einen großen Unterschied bezüglich des Team-Gefühls.
- **Anerkennung und Belohnung:** die Art und Weise, wie Erfolge und Leistungen der Mitarbeiter anerkannt und belohnt werden. Eine Kultur der Anerkennung fördert Engagement und Motivation. Hier lohnt es sich immer sehr genau hinzuschauen. Oft wird etwas anderes belohnt als angegeben. Wenn hier die offizielle Lesart von der inoffiziellen Realität abweicht, hat man schnell viel mehr Elemente, die es in der neuen Kultur aufzufangen gilt. Neue Mitarbeiter bekommen schnell heraus, was belohnt wird und was dazu führt, dass man befördert wird. Auch das kann gewachsen sein und in einer neu zusammengeschlossenen Firma vollkommen anders wirken.
- **Innovationskultur:** die Bereitschaft des Unternehmens, neue Ideen zu fördern und zu unterstützen sowie Innovationen voranzutreiben. Eine innovationsfreundliche Kultur kann zu Wachstum und Wettbewerbsvorteilen führen. Hier ist auch wichtig zu betrachten, wer für Innovation zuständig ist: jeder Mitarbeiter, oder hauptsächlich die Forschungs- und Entwicklungsabteilung. Darüber hinaus ist die Fehler-Kultur wichtig: Was passiert, wenn etwas schiefgeht?
- **Arbeitsumgebung und -bedingungen:** die physische und psychosoziale Umgebung, in der die Mitarbeiter arbeiten. Eine positive und unterstützende Arbeitsumgebung

kann das Wohlbefinden und die Zufriedenheit der Mitarbeiter fördern. In der heutigen Zeit kommt hier noch die Frage nach mobilem Arbeiten hinzu. Wenn ein Unternehmen, das ausschließlich im Büro arbeitet, mit einem Unternehmen zusammenkommt, dass auch virtuelles Arbeiten ermöglicht, also Arbeiten außerhalb des Büros mit Hilfe von Technologie, sind die Abläufe und Zusammenarbeiten noch unterschiedlicher. Auch der Führungsstil ist anders – ein virtuelles Team leitet man anders als ein Team, das permanent anwesend ist.

- **Unternehmensstruktur und Hierarchie:** die Organisationsstruktur und Hierarchie des Unternehmens, die bestimmen wie Entscheidungen getroffen und Verantwortlichkeiten verteilt werden. Auch hier sollte man auf die offiziellen und inoffiziellen Entscheidungswege achten. Wenn die neu hinzugekommenen Mitarbeiter diese inoffiziellen Kanäle nicht kennen, führt dies schnell zu Irritation und Konflikt.
- **Rituale und Symbole:** die Rituale, Traditionen und Symbole, die im Unternehmen existieren und die gemeinsame Identität und Zugehörigkeit der Mitarbeiter stärken. Die einen fahren gemeinsam Ski, die anderen gehen Kegeln. Klingt ähnlich, ist jedoch sehr unterschiedlich – Kegeln macht man am Feierabend, Skifahren oft an einem ganzen Wochenende. Das hat weitreichende Folgen.

Diese Elemente interagieren miteinander und bestimmen, wie sich die Mitarbeiter verhalten und wie sie arbeiten. Eine positive und starke Unternehmenskultur bindet Mitarbeiter, steigert die Leistung und bringt dem Unternehmen Erfolg. Somit ist es bei einer Fusion extrem wichtig, hier für alle zusammengeführten Teile Klarheit bezüglich aller aufgeführten Elemente zu schaffen. Am besten werden die Mitarbeiter aller beteiligten Unternehmen bei der Neu-Definition mit einbezogen.

Wenn wir uns die Gründe für den Misserfolg der Fusion Daimler-Chrysler in Erinnerung rufen, sind hier gleich mehrere Elemente, die zu einer erfolgreichen Kultur gehören, nicht gestaltet worden.

Der Zusammenschluss mehrerer Unternehmen führt nicht automatisch dazu, dass sich die Ergebnisse addieren. Man kann nicht einfach die Kultur eines Unternehmens dem oder den anderen Unternehmen überstülpen. Zum einen haben die ‚anderen' Mitarbeiter eine andere Historie, zum anderen wurden sie auch aufgrund der Kultur des oder der anderen Unternehmen eingestellt. Wenn ein Unternehmen also eher eine hierarchische Struktur hatte, sind die Mitarbeiter daran gewohnt, klare Ansagen zu erhalten. Wenn die nun auf Führungskräfte stoßen, die eher kollaborativ oder gar agil arbeiten, sind einige der Mitarbeiter erst einmal überfordert. Viele werden sich anpassen können, aber wahrscheinlich nicht alle. Diese Mitarbeiter gilt es trotzdem abzuholen und erfolgreich und Erfüllungs-bringend einzusetzen.

Aber auch die Kultur des maßgeblichen Unternehmens ändert sich. Man hat neue Kolleginnen und Kollegen, man hat mehr Standorte, man hat mehr Produkte oder Dienstleistungen im Angebot. Von allem mehr, das will eingeordnet werden.

Manchmal kommt zusätzlich eine andere Länderkultur hinzu. Was in einem Land gang und gäbe ist, ist in einem anderen Land vielleicht sogar verpönt.

Ohne eine gemeinsam erarbeitete Unternehmenskultur droht jede Fusion zu scheitern.

Wieso sollten Sie hier wiederum einen externen Berater hinzuziehen? Hier gibt es mehrere Gründe: Die Kreation einer neuen Unternehmenskultur ist ein Prozess, den Ihr Unternehmen nicht so häufig durchläuft. Es macht für Sie also wenig Sinn, die dafür benötigten Kompetenzen dauerhaft einzustellen. Darüber hinaus ist die externe Perspektive extrem notwendig, um alle beteiligten Parteien dabei zu unterstützen, loszulassen. Bei der Schaffung einer neuen Kultur geht es nicht darum zu verhandeln, welches Element von jedem beteiligten Unternehmen übernommen wird. Es sollte eher eine komplett neue Kultur gestaltet werden. Hier bringt Ihnen der externe Berater Objektivität, aber auch die Erfahrung andere Unternehmen mit, die den Vorgang inspirieren können.

Bei der Vorbereitung für die Fusion wurde eine intensive ‚Due Dilligence' betrieben. Viele der Informationen, die für die Erfassung des Status-quo benötigt werden, liegen also vor. Den Rest kann man schnell zusammentragen. Beim übernehmenden Unternehmen wurde sicherlich vor der Entscheidung, einen Fusions-Partner zu finden, ebenfalls ganz genau untersucht, wo der eigene Wert liegt, was die aktuelle Wettbewerbsposition ist, wie die SWOT Analyse aussieht, welchen Einfluss zukünftige Trends haben. Eine Antwort darauf war: Allein sind wir schlechter aufgestellt als zusammen. Deswegen die Fusion. Somit sind die Daten auch hier verfügbar.

1+1 sollte niemals 3 werden sollen, sondern A. Man schafft ein neues Unternehmen, mit unterschiedlichen Vergangenheiten. Diese müssen alle eingefangen und respektiert werden. Daraus ergibt sich eine neue Zukunft für alle Mitarbeiter. Die wird durch die Vision orientiert und durch die Kultur gelebt. Damit jeder Mitarbeiter teilnehmen kann, ist hier die Beauftragung eines externen Beraters absolut notwendig. So hat das neu geschaffene Unternehmen die Chance, eine starke, inspirierende neue Kultur zu schaffen, die das gemeinsame Ziel erfolgreich umsetzt.

Skalieren oder Komplementieren: Mehr vom Gleichen oder was zum Anknüpfen – Die Kompetenzen müssen sinnvoll verbunden werden

Fusionen können entweder Unternehmen zusammenschließen, die dasselbe Kerngeschäft haben, also gemeinsam skalieren, oder aber unterschiedliche Kerngeschäfte haben, also komplementieren. Die Komplementierung kann bedeuten, dass man in unterschiedliche Richtungen auf der Wertschöpfungskette zusammengeht.

Skalierungsfusionen, auch als Horizontalfusionen bekannt, sind Fusionen zwischen Unternehmen, die in derselben Branche tätig sind und ähnliche Produkte oder

Dienstleistungen anbieten. Diese Art von Fusionen zielt darauf ab, die Marktpräsenz zu erhöhen, Synergien zu schaffen und die Wettbewerbsfähigkeit zu stärken. Beispiele:

- Im Jahr 1999 fusionierten die beiden großen Ölunternehmen Exxon Corporation und Mobil Corporation, um ExxonMobil zu bilden. Diese Fusion schuf das größte integrierte Ölunternehmen der Welt und ermöglichte eine stärkere Marktpositionierung und Kosteneinsparungen durch die Zusammenführung von Produktion, Raffinerien und Vertrieb.
- Im Jahr 2000 fusionierten die beiden Pharmaunternehmen Glaxo Wellcome und SmithKline Beecham zu GlaxoSmithKline (GSK). Die Fusion sollte eine stärkere Wettbewerbsposition im Pharmamarkt schaffen und Kosten- und Forschungssynergien ermöglichen.
- Im Jahr 2015 fusionierte das Lebensmittelunternehmen H. J. Heinz Company mit Kraft Foods Group, um die Kraft Heinz Company zu bilden. Diese Fusion sollte die Präsenz der beiden Unternehmen in der Lebensmittelbranche stärken und Synergien bei der Produktion, Vertrieb und Markenführung ermöglichen.
- Im Jahr 2018 fusionierte das Telekommunikationsunternehmen AT&T mit dem Medienkonzern Time Warner, um WarnerMedia zu bilden. Durch diese Fusion wollte AT&T seinen Kunden ein breiteres Angebot an Medieninhalten bieten und die vertikale Integration zwischen Telekommunikation und Medieninhalten stärken.

Bild 33.

Die Backward Integration, auch als Rückwärtsintegration bekannt, ist eine Form der Unternehmensfusion, bei der ein Unternehmen sich entlang der Wertschöpfungskette in Richtung seiner Lieferanten integriert. Das bedeutet, dass das Unternehmen seine Lieferanten oder selbst die Produktion von Rohstoffen oder Vorprodukten übernimmt, um eine bessere Kontrolle über die Zulieferkette und möglicherweise Kosteneinsparungen zu erzielen. Beispiele:

- In den 1920er Jahren hat der Automobilhersteller General Motors das Unternehmen Fisher Body Company übernommen, das Karosseriebau und Autoteileproduktion betrieb. Durch diese Übernahme konnte General Motors die Kontrolle über die Produktion von Karosserien und Autoteilen stärken und die Effizienz seiner Fertigungsprozesse verbessern.
- Im Jahr 2012 hat Apple das Unternehmen AuthenTec übernommen, das auf Sicherheitstechnologien wie Fingerabdruck-Scanning spezialisiert war. Durch diese Übernahme konnte Apple die Sicherheit seiner mobilen Geräte stärken und sich in Bezug auf biometrische Technologien unabhängiger von externen Lieferanten machen.

- Im Jahr 2017 hat der E-Commerce-Riese Amazon das Einzelhandelsunternehmen Whole Foods Market übernommen. Whole Foods ist auf den Verkauf von Bio- und Naturprodukten spezialisiert. Durch diese Übernahme konnte Amazon sich einen direkten Zugang zum Lebensmittelhandel verschaffen.
- Im Jahr 2019 hat der Elektroautohersteller Tesla das Unternehmen Maxwell Technologies übernommen. Maxwell Technologies war ein Spezialist für Elektrodenmaterialien und Kondensatortechnologie. Durch diese Übernahme konnte Tesla die Technologie und Fertigungskapazitäten für Batterien in eigenen Händen halten.

Die Forward Integration, auch als Vorwärtsintegration bekannt, ist eine Form der Unternehmensfusion, bei der ein Unternehmen sich entlang der Wertschöpfungskette in Richtung seiner Kunden integriert. Das bedeutet, dass das Unternehmen seine Vertriebskanäle erweitert oder Einzelhändler bzw. Vertriebspartner übernimmt, um eine bessere Kontrolle über den Vertrieb seiner Produkte oder Dienstleistungen zu erhalten und möglicherweise die Marge zu erhöhen.

- Im Jahr 1996 hat die Walt Disney Company den Fernsehsender ABC übernommen. Durch diese Fusion konnte Disney seine Medieninhalte direkt an ein größeres Publikum liefern und die Reichweite und Vermarktung seiner Fernsehprogramme und Filme stärken.
- Im Jahr 2011 hat Comcast, ein führender Kabel- und Internetanbieter, das Medienunternehmen NBCUniversal übernommen. Diese Fusion ermöglichte es Comcast, ein umfangreiches Portfolio an Medieninhalten und Unterhaltungsangeboten anzubieten, indem sie Medienproduktion, Vertrieb und Kabelnetzwerke integrierten.

Bild 34.

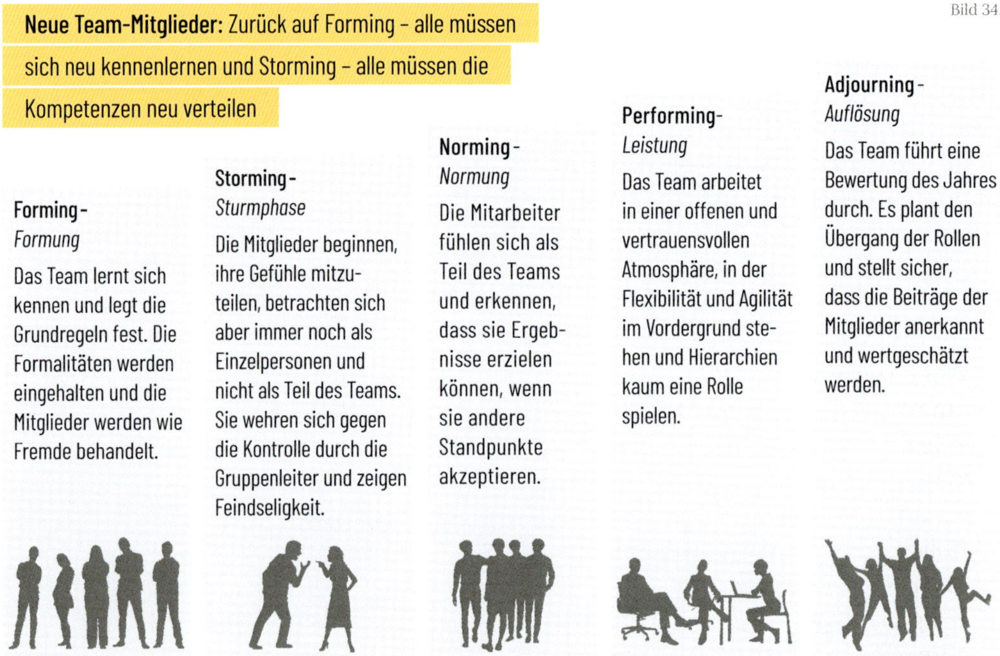

Bei einer Fusion ist das ähnlich wie bei Teams: Wenn ein neues Team-Mitglied dazustößt, sollte man nach Tuckman zurück auf Start, also auf Forming gehen. Bei einer Fusion kommen zwei Teams zusammen, somit treffen viele neue Team-Mitglieder aufeinander. Über Tuckman und Lencioni hatten wir bereits gesprochen.

Wir hatten ebenfalls bereits über die Unterschiede diskutiert, die der Beruf, die Persönlichkeit und die Arbeitspräferenz der Mitarbeiter bedingen. Wenn man diese Unterscheidung auf eine andere Art betrachten möchte, kann man sich auf die Haupt-Kompetenzen konzentrieren.

Die neuen Kollegen müssen sich erst kennen- und schätzen lernen. Es gilt neue bzw. zusätzliche Kompetenzen zu erfassen sowie die sozialen und interpersonellen Kompetenzen zu berücksichtigen. Die persönlichen Kompetenzen beschreiben die Persönlichkeit, die wir bereits anhand der Big 5 beleuchtet haben. Die sozialen Kompetenzen beschreiben, wie ein Mensch mit anderen Menschen umgeht. Die fachliche Kompetenz bezieht sich auf das jeweilige Arbeitsgebiet. Die Methoden-Kompetenz beinhaltet auch die Arbeitspräferenz.

Egal ob Sie skalieren oder komplementieren: Sie sollten immer überprüfen, welche Kompetenzen, Potenziale und Talente Sie nun haben, wie Sie die am besten einsetzen und inwiefern das Ihren ‚Purpose', den ‚good cause' (also das ‚hehre Ziel'), beeinflusst. Selbst beim Skalieren ergeben sich Veränderungen, weil kein Unternehmen wie das andere ist. Auch, wenn das Produkt absolut identisch wäre, sind die Menschen, die daran beteiligt sind, unterschiedlich. Das beginnt beim CEO und geht über alle Führungskräfte hin bis zu jedem einzelnen Mitarbeiter. Somit ist für mich 1+1 ≠ 3, sondern 1+1 = A.

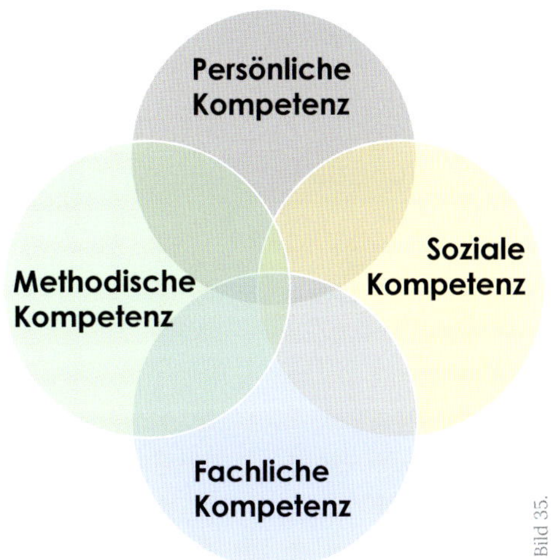

Bild 35.

Hier ergibt sich auch oft das Phänomen, das ebenfalls neue Führungskräfte, die von extern rekrutiert werden, feststellen müssen: Sie wurden eingestellt, weil sie bestimmte Kompetenzen und Erfahrungen mitbringen, und sobald sie diese einbringen wollen, stoßen die auf Ablehnung. Man ist zwar daran interessiert zu hören, wie es woanders läuft, aber lernen möchte man nicht daraus.

Ähnlich ist es bei der Fusion: Man hat sich zusammengeschlossen, weil man sich dadurch positive Ergebnisse verspricht. Die ‚anderen' bringen viel Neues mit. Die neuen Kollegen bringen unterschiedliche Kompetenzen und Erfahrungen ein. Hier gilt es zum einen eine neue Definition bzw. Sprache zu entwickeln. Was bei einem ‚Delegieren' heißt, muss bei einem anderen nicht zwangsläufig das Gleiche bedeuten. Team-Arbeit ist bei einem agil, beim anderen klassisch. Darüber hinaus beschäftigt man sich immer mit anderen Themen. Selbst bei der Skalierungsfusion hat man früher übereinander als Konkurrenz gesprochen – auf einmal ist man verwandt. Die Definition und Wertschätzung der Kompetenzen ist unterschiedlich: Bei einem Unternehmen wurde Innovation auf jeder Ebene geschätzt, beim anderen war dafür ausschließlich die Innovationsabteilung zuständig. Wenn ein erfolgreiches Start-up übernommen wurde, ist es manchmal noch dramatischer: Man wollte es haben aufgrund der Innovation und der Wendigkeit, erstickt es dann aber durch die Konzern-Strukturen.

Egal, um welche Form der Fusion es sich handelt: Es kommen immer Kompetenzen, Persönlichkeiten, Ambitionen, Talente, Erfahrungen zusammen, die es zu sortieren gilt. Für alle ist die Situation neu und ungewohnt. Annahmen gilt es zu durchbrechen. Wir haben bereits über die Rolle der optimalen Struktur und die essenzielle Wichtigkeit der Kultur gesprochen. Die Zusammenführung der Kompetenz-Definitionen ist genauso wichtig. Wieso auch hier wieder ein externer Berater? Weil er neutral ist. Und Experte in seinem Gebiet.

Auch wenn alle beteiligten Unternehmen meist Personal-Verantwortliche haben: Die sind bei dieser Situation eher Input-Geber als Moderator des Prozesses. Darüber hinaus sind auch sie zu sehr verbunden mit der eigenen Strategie. Ein Berater stellt sicher, dass die definierte Strategie und Vision des neu gebildeten Unternehmens die Richtung für alle Kompetenzen angeben. Darüber hinaus achtet der Berater auch darauf, dass für den Prozess der Integration ebenfalls die richtigen Kompetenzen zur Verfügung stehen. Dieser Aspekt wird oft übersehen, man fokussiert sich zu sehr auf den gewünschten End-Zustand.

Oftmals ist es einfacher, mit einem weißen Blatt Papier zu beginnen, als unterschiedliche Systeme zusammenzuführen. Bei einer Fusion bringt jeder Partner seine eigene Welt ein. Die muss behutsam in die neue Welt überführt werden. Besonders die neuen Kompetenzen, Arbeitspräferenzen und Abläufe müssen gestaltet werden. Ein Berater bringt hier Objektivität und Erfahrung.

Die moderne Beratung

Auf den letzten Seiten haben wir gesehen, wie wichtig die externe Beratung für den Erfolg Ihres Unternehmens ist. Ein Berater bietet Ihnen externe Impulse, andersartige Einsichten, vielfältige Erfahrungen und vor allem auch Objektivität.

Lassen Sie uns einmal die Welt der Beratung genauer betrachten. Wir beginnen mit einem geschichtlichen Rückblick. Dann schauen wir uns die aktuelle Welt der Beratungsunternehmen an. Hier betrachten wir die Vor- und Nachteile von großen Unternehmen gegenüber kleinen Beratungshäusern. Im Anschluss daran widmen wir uns dem Thema, wie Sie den besten Berater wählen und wie ein Beratungsprojekt erfolgreich aufgesetzt werden sollte. Und zum krönenden Abschluss schauen wir uns meine Beratung und mein neues Geschäftsmodell, die hybride Strategie-Beratung, an, die Ihnen viel Zeit und Geld sparen kann.

Beginnen wir mit der Historie. Ich trage Ihnen hier einige Beispiele zusammen, die ich den unterschiedlichsten ‚Nachschlagewerken' entnommen habe (dazu gehört natürlich google genauso wie ChatGPT).

Schaut man sich die Geschichte an, gab es immer Berater, sozusagen Weise, die zu jedem Thema Rat geben konnten. Manchmal sehr konkret, manchmal eher kryptisch wie das Orakel von Delphi.

Das Orakel von Delphi war eine der bekanntesten und einflussreichsten Orakelstätten der antiken griechischen Welt. Die Priesterin des Orakels von Delphi, Pythia, diente als Medium und übermittelte die göttlichen Botschaften. Es wird angenommen, dass Pythia in einem tranceähnlichen Zustand prophezeite.

Die Menschen kamen aus ganz Griechenland und darüber hinaus nach Delphi, um Ratschläge und Vorhersagen zu erhalten. Die Ratschläge des Orakels hatten große politische Auswirkungen und wurden von Herrschern, Staatsmännern und Militärführern gleichermaßen gesucht. Die Beratung des Orakels konnte über Kriege, Allianzen und andere wichtige politische Entscheidungen entscheiden.

Das Orakel von Delphi verlor im 4. Jahrhundert n. Chr. an Bedeutung, als das Christentum an Einfluss gewann und das heidnische Griechenland unter römische Herrschaft geriet. Der Tempel wurde später geschlossen.

In der Antike gab es zahlreiche bedeutende Denker und Schriftsteller, die Ratschläge zu verschiedenen Lebensbereichen gaben. Namen wie Platon, Aristoteles, Seneca, Epiktet sind Ihnen sicher geläufig. Die ‚alten Philosophen' beschäftigten sich eher mit Themen rund um den Sinn des Lebens.

- Platon lebte ca. 400 Jahre vor Christus, war ein Schüler von Sokrates und ein prominenter Philosoph in der antiken Welt. In seinen Werken gab er Ratschläge zu verschiedenen Themen wie Politik, Gerechtigkeit, Erziehung und der Suche nach Wahrheit. Neben vielen anderen inspirierenden Sätzen hat er auch den Spruch „*Im Wein liegt die Wahrheit*" geprägt. Ihm verdanken wir auch das Zitat von Sokrates „*ich weiß, dass ich nichts weiß*", das in einem seiner Bücher veröffentlicht wurde, sowie sein eigenes: „*Weil du ein Mensch bist, hast du geirrt*". Eine gute Basis für eine positive Fehlerkultur!
- Aristoteles lebte ca. 300 Jahre vor Christus, war ein weiterer großer griechischer Philosoph, der eine breite Palette von Themen behandelte. In seiner Ethik diskutierte er die Idee der ‚eudaimonia' (Glückseligkeit) und gab Ratschläge dazu, wie man ein erfülltes Leben führen kann. So stammt von ihm das Zitat: „*Freude an der Arbeit lässt das Werk trefflich geraten.*" Somit war er einer der Ersten, der darauf hinwies, wie wichtig es ist, seine Stärken und Potenziale einbringen zu können. Ein anderes seiner Zitate passt hierzu: „*Wir sind, was immer wir tun.*"
- Um die Zeitenwende von vor zu nach Christi lebte Seneca, ein römischer Philosoph, Staatsmann und Dramatiker. Er gab praktische Ratschläge, wie man ein tugendhaftes Leben führen und mit Schwierigkeiten umgehen kann. Hierzu passt sein Zitat: „*Nicht, weil es schwer ist, wagen wir es nicht, sondern weil wir es nicht wagen, ist es schwer.*" Daraus kann man ableiten: „*Wer nicht wagt, der nicht gewinnt.*" Auch wieder ein Plädoyer für eine offene Fehlerkultur. Ein anderes Zitat, das viel mit Vision und Strategie zu tun hat, lautet: „*Wer den Hafen nicht kennt, in den er segeln will, für den ist kein Wind der richtige.*" Das klingt ein wenig wie die Antwort der Grinse-Katze in Alice im Wunderland auf die Frage, wohin Alice gehen sollte: „ *Das hängt davon ab, wohin Du möchtest*". Wenn man kein Ziel hat, weiß man auch nicht, ob man auf dem richtigen Weg ist und wann man angekommen ist.
- Epiktet lebte im 1. Jahrhundert nach Christus und gab Ratschläge, wie man sein Leben bewältigen, und wie man Tugenden wie Gelassenheit und Weisheit entwickeln könnte. Ihm wird das Zitat zugesprochen: „*Ruin und Wiederaufbau liegen dicht beieinander.*" Somit könnte man sagen, er hat die Basis für das Konzept der Resilienz, der Widerstandsfähigkeit gelegt.

Auch im Mittelalter gab es einige Berater und Ratgeber:

- Im 15ten Jahrhundert wurde Niccolò Machiavelli geboren: Man kennt ihn als Politiker, dem zur Erreichung und Erhaltung seiner Macht jedes Mittel recht war, ohne Rücksicht auf Recht und Moral. Er gab somit Ratschläge zur Machtausübung und Politik, wobei er oft auf pragmatische und realistische Ansätze setzte. Manche dieser Ratschläge kann man sogar legal und ohne Bedenken umsetzen.
- Im 16ten Jahrhundert wurde Cardinal Richelieu geboren: Armand Jean du Plessis, bekannt als Kardinal Richelieu, war ein französischer Geistlicher, Staatsmann und Erster Minister unter König Ludwig XIII. Er war ein einflussreicher politischer Berater, wenngleich mit eher extremen religiösen Zielen.
- Auf der anderen Seite des Atlantiks wurde im 18ten Jahrhundert Benjamin Franklin geboren: Dass Franklin amerikanischer Staatsmann war, ist sicher bekannt; dass

er auch Wissenschaftler und Schriftsteller war, vielleicht weniger. Als Berater spielte er eine entscheidende Rolle, für Amerika die französische Unterstützung während des Amerikanischen Unabhängigkeitskrieges zu sichern.

- Ebenfalls in Amerika sehen wir im gleichen Jahrhundert Thomas Jefferson das Licht der Welt erblicken. Jefferson war einer der Gründerväter der Vereinigten Staaten, weil er die Unabhängigkeitserklärung maßgeblich prägte, und als dritter Präsident fungierte. Als Berater für Regierung und Politik spielte er eine Schlüsselrolle in der Entwicklung der jungen Nation.

Es gab also immer schon ‚Berater'. Die deutschen Regierungen lassen sich seit 1963 von den ‚Wirtschaftsweisen' beraten. Die 5 Weisen erstellen einen Bericht bis zum 15. November eines Jahres, die Regierung nimmt danach Stellung dazu. Das ist eine eher traditionelle ‚Beratung' – Der Berater gibt Input, der Empfänger kann entscheiden, was er damit anfängt …

Navigation in der Krise

Die fünf „Wirtschaftsweisen" sind das wichtigste Beratungsgremium der Politik. Sie wollen mit ihren Empfehlungen Deutschland wieder auf Wachstumskurs bringen. Dabei machen vor allem die drei Frauen des Gremiums einiges anders als früher.

Bild 36.

https://www.sachverstaendigenrat-wirtschaft.de/start/aktuelles/navigation-in-der-krise.html?returnUrl=%2Findex.html&cHash=2c34d9db7ffef0a32dc7f0e9b79d3ab4, (Stand: 29.12.2023)

Wir selbst haben auch meist Vertraute, die wir um Rat fragen. Als Kind sind das die Eltern oder Großeltern. Später gute Freunde. Viele von uns haben auch Mentoren, die sie während des Berufslebens begleiten. Das ‚Sparring', also das gemeinsame Betrachten von Situationen und das gemeinsame Erarbeiten von Lösungen, ist ein üblicher Vorgang in der Unternehmenswelt. Auch ‚Sounding Boards' kommen zum Einsatz: Dort werden Ideen auf Herz und Nieren überprüft. Wir sehen: Das Interesse daran, eine zweite Meinung einzuholen, ist überall vorhanden. Das erklärt die Branche der Unternehmensberatung.

Dann schauen wir uns nun die aktuelle Welt der Beratungsunternehmen an.

Das 20ste Jahrhundert hat die Beratungsfunktion vom interessierten Privatier (Antike) über die Beratung von Regierungen auch zu den Unternehmen gebracht. Es bildeten sich Unternehmensberatungen, die als Experten ihre Dienstleistungen anboten, um Unternehmen bei der Optimierung ihrer Geschäftsprozesse zu unterstützen.

› Den Startschuss gab Booz Allen Hamilton (1914). Die Beratung wurde von Edwin G. Booz gegründet und spielte eine wichtige Rolle bei der Entwicklung von Beratungsansätzen. Das Unternehmen besteht nach wie vor, hat mittlerweile mehr als 25.000 Mitarbeiter und fokussiert sich auf Technologie-Beratung. In Deutschland arbeiten knappe 1.000 Mitarbeiter für Booz Allen Hamilton.
› Direkt gefolgt ist McKinsey & Company (1926): Das Unternehmen, gegründet von James O. McKinsey, gilt oft als eines der ersten modernen Unternehmensberatungsunternehmen. McKinsey legte den Fokus auf die Verbesserung der betrieblichen Effizienz und Einführung von Management-Prinzipien. Das tut McKinsey auch heute noch, mit derzeit ca. 45.000 Mitarbeitern, davon gut 3.000 in Deutschland.

Booz | Allen | Hamilton

McKinsey & Company

Bild 37.

In den 1950er und 1960er Jahren erlebte die Unternehmensberatung einen wahren Aufschwung. Unternehmen suchten verstärkt nach externer Expertise, um sich in einem sich schnell wandelnden wirtschaftlichen Umfeld zu behaupten. Besonders der Wiederaufbau nach dem Zweiten Weltkrieg bot hier viele Chancen, die es galt, optimal zu nutzen.

Im Laufe der Zeit diversifizierten sich die Dienstleistungen der Unternehmensberatungen. Hatte Booz Allen Hamilton bezüglich der adäquaten Technologie beraten und McKinsey bezüglich optimaler Abläufe, kamen nun Bereiche hinzu wie strategische Beratung, Finanzen, Personalmanagement und andere spezialisierte Felder.

Mit der Globalisierung der Wirtschaft weiteten viele Unternehmensberatungen ihre Aktivitäten auf internationale Märkte aus und begannen, multinationale Unternehmen zu beraten.

Mit dem Aufkommen von Informationstechnologie und dem Internet entwickelte sich ab den 90gern eine neue Nische für Unternehmensberatungen. Sie begannen, sich auf IT-Beratung, E-Business-Strategien und Digitalisierung zu spezialisieren.

Die großen Beratungs-Unternehmen der heutigen Zeit kann man in 3 Gruppen einteilen: die Beratungen, die aus der Sicht der Finanzwelt beraten (Steuerberater und Wirtschaftsprüfer), diejenigen, die sich auf Strategie-Beratung spezialisiert haben, und dann die, die sich besonders bei Zusammenschlüssen oder Übernahmen einbringen.

Bezüglich der finanzfokussierten Beratung kennt man besonders diese 4: Die sogenannten ‚Big Four' Beratungsunternehmen – Deloitte, EY, KPMG und PwC – die auch als Wirtschaftsprüfungsunternehmen bekannt sind, haben seit den 80gern eine erhebliche Präsenz im Beratungsbereich entwickelt.

- Deloitte wurde schon 1845 im Vereinigten Königreich gegründet und zählt heute über 415.000 Mitarbeiter weltweit. Ca. 14.000 davon arbeiten in Deutschland.
- Ernst & Young besteht aus mehreren unterschiedlichen Unternehmen, die seit 1849 gegründet wurden, und sich 1989 zu E&Y zusammenschlossen. Sitz ist das Vereinigte Königreich, es arbeiten derzeit über 300.000 Mitarbeiter für E&Y, knappe 12.000 davon in Deutschland.
- KPMG ist ebenfalls ein Zusammenschluss mehrerer Unternehmen. (Die jeweiligen Vorsitzenden Klynveld, Peat, Marwick, Goerdeler bestimmten hier den Namen.) Die einzelnen Unternehmen gehen bis zum Jahr 1870 zurück, der Zusammenschluss fand 1986 statt. Heute beschäftigt KPMG knappe 240.000 Mitarbeiter, davon 12.000 in Deutschland.
- PwC besteht aus zwei 1924 in Frankfurt gegründeten Unternehmensteilen (C&L Deutsche Revision AG und Price Waterhouse) und beschäftigt heute ca. 300.000 Mitarbeiter weltweit, davon 13.000 in Deutschland.

Deloitte. EY Building a better working world KPMG pwc

Bild 38.

Schaut man sich in der Welt der Strategie-Berater um, stößt man schnell auf Accenture, Boston Consulting und Roland Berger.

- Accenture wurde 1989 in Irland gegründet. Das Unternehmen bietet Strategie-Beratung und beschäftigt heute über 700.000 Mitarbeiter, 8.000 davon in Deutschland.
- Die Boston Consulting Group wurde bereits 1963 in Boston gegründet. Die Gruppe ist derzeit die zweitgrößte Strategie-Beratung der Welt und beschäftigt 30.000 Mitarbeiter weltweit. Schätzungen besagen, in Deutschland beschäftige das Unternehmen 2.000 Mitarbeiter.
- Das Unternehmen Roland Berger wurde 1967 in München gegründet und beschäftigt heute gute 3.000 Mitarbeiter, die meisten davon in Deutschland,

Bild 39.

accenture BCG Roland Berger

In der Welt der Fusionen und Übernahmen werden besonders Bain & Company und A. T. Kearney beauftragt:

- Bain & Company wurde 1979 in Lexington gegründet von ehemaligen Boston Consulting Mitarbeitern. Das Unternehmen beschäftigt weltweit über 12.000 Mitarbeiter, davon mindestens 1.000 in Deutschland.
- A. T. Kearney (heute nur noch Kearney) wurde 1926 in Chicago gegründet. Das Unternehmen beschäftigt weltweit knappe 4.000 Mitarbeiter, weniger als 1.000 davon in Deutschland.

BAIN & COMPANY KEARNEY

Bild 40.

Es gibt die unterschiedlichsten Veröffentlichungen, die eine Hit-Liste der Beratungen aufstellen. Bei den Großen basiert das auf Nominierungen (die vielleicht auch etwas beeinflussbar sind), bei den Kleinen eher auf direkte Empfehlungen. Meine Projekte bekomme ich beinahe ausschließlich aufgrund von Empfehlungen zufriedener Kunden, die es ihren Bekannten und Kollegen gönnen, auch gut beraten zu werden.

Zurück zur Welt der Beratungsunternehmen. Heute bieten Unternehmensberatungen eine breite Palette von Dienstleistungen an, von strategischer Beratung bis hin zu spezialisierten Fachgebieten wie Nachhaltigkeit, Data Analytics und Künstliche Intelligenz.

Statista zeigt uns die Vielfalt der Themen, für die derzeit Beratungsunternehmen hinzugezogen werden:

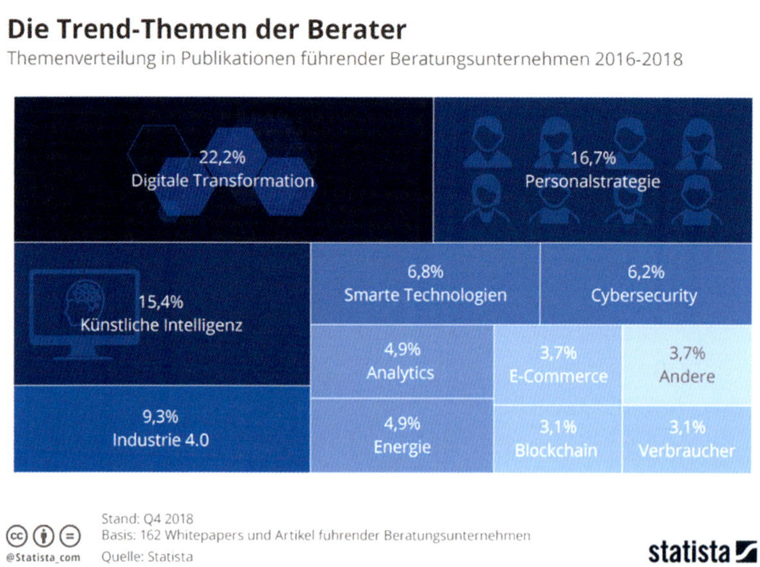

Bild 41.

www.de.statista.com/infografik/17078/themenverteilung-in-pulbikationen-fuehrender-beratungsunternehmen/ von 2019, (Stand: 29.12.2023)

Das Thema Strategie ist entweder aus der Mode geraten oder bereits hinreichend besprochen worden – es spielt bei den hier analysierten 162 Publikationen keine Rolle mehr. Sehr interessant!

Bild 42.

Statistiken sprechen von 25.000 Beratungsunternehmen in Deutschland. Der BDU Bund Deutscher Unternehmensberatungen gibt an, dass davon die geringste Anzahl große Unternehmensberatungen stellen. Diese 175 Beratungen beschäftigen zusammen 79.000 Mitarbeiter. Wenn wir die oben genannten Unternehmen zusammenzählen, haben wir bereits den größten Teil der Mitarbeiter gefunden: 65.000. Bemerkenswert ist, dass somit 14.000 Mitarbeiter bei den restlichen 166 Unternehmensberatungen arbeiten. Diese haben somit eine durchschnittliche Mitarbeiterzahl von 84.

Mittelgroße Beratungen beschäftigen zusammen 83.000 Mitarbeiter, also maximal 25 im Durchschnitt. Die Kleinen Beratungen kommen auf 65.500 Mitarbeiter, somit 3 Mitarbeiter im Schnitt.

Was spricht für und gegen große und kleine Unternehmensberatungen?

Große Beratungen haben meist Mitarbeiter und Teams zur Verfügung und belegen stets Expertise. Allerdings hat man manchmal den Eindruck, dass sich hier die Sachlage umdreht: Der Berater hat die Lösung, die dann auf das Kunden-Unternehmen zugepasst wird. Viele große Beratungen veröffentlichen viele Berichte und Analysen, die besagen, wie man auf welche Situation reagieren sollte.

Die meisten Mitarbeiter beginnen ihre Karriere direkt bei der Beratung. Entweder bleiben sie dort und arbeiten sich zum Partner hoch, oder sie gehen zum Kunden in die Industrie. Somit bauen das Wissen und die Expertise meist auf die eigene Arbeit auf ohne Kenntnis der ‚anderen' Seite. Wenn eine zusätzliche Expertise benötigt wird, wird der nächste freie Mitarbeiter gewählt, der nicht unbedingt der für dieses Thema am besten qualifizierte sein muss.

Es gibt eine Vielzahl von Büchern, die sich außerordentlich kritisch mit den großen Unternehmensberatungen auseinandersetzen. Ich zitiere gerne aus dem Buch ‚Beraten & verkauft' von Thomas Leif, ein Spiegel Bestseller aus dem Jahre 2006 in einer

Neuauflage von 2008, veröffentlich im Goldmann Verlag, ISBN 978-3-442-15485-2. So beschreibt Leif, dass die Kunden eigentlich individuelle Lösungen kaufen möchten. Bekommen würden sie von den Großen jedoch Standardware. Da die Welt der großen Beratungen eine außerordentlich verschwiegene ist, wird es nicht ersichtlich, dass die angebotene Lösung bereits mehrfach zum Einsatz gekommen ist. Die erfahrenen Berater können durchaus relevante Referenzen anbringen, sind jedoch meist nur für die Akquise der Projekte zuständig. Die Arbeit wird von Junior-Beratern erledigt. Diese muss der Kunde quasi erst ausbilden, damit sie sein Unternehmen begreifen. Bei der Auswahl der jungen Berater wird darauf geachtet, dass diese gut denken können und bereit sind, viel zu arbeiten. Das Handwerk der Beratung wird ihnen vom Beratungsunternehmen beigebracht, Vorkenntnisse sind eher hinderlich. Die Fluktuation bei großen Unternehmen beläuft sich auf 15 %, also hat sich der Personalbestand der aktiven Berater in 7 Jahren komplett erneuert. Hält man dagegen, dass sich viele Kunden der großen Beratungsunternehmen jahrelang beraten lassen, ist die Wahrscheinlichkeit, dass ihre Projekte durch Berater betrieben werden, die das Unternehmen wirklich kennen und verstehen, relativ gering.

Vielleicht erklärt sich so die Tatsache, dass besonders die großen Beratungsunternehmen zu falschen Schlüssen und Einschätzungen gelangen. AT&T hätte ohne McKinsey den Einzug in die Mobile Telefonie sicher nicht verpasst. Auch bei der Opioid-Krise spielte McKinsey eine weniger rühmliche Rolle. Es wurde behauptet, dass die Beratungsfirma Unternehmen dazu ermutigt habe, aggressivere Verkaufs- und Marketingstrategien für opioidbasierte Schmerzmittel zu verfolgen, auch wenn die Risiken von Sucht und Missbrauch bekannt waren. Im Jahr 2021 einigten sich McKinsey & Company und verschiedene US-Bundesstaaten darauf, eine Vereinbarung über 870 Mio US-Dollar zu treffen. Die Vereinbarung sollte dazu beitragen, potenzielle rechtliche Konflikte im Zusammenhang mit McKinseys Rolle in der Opioid-Krise beizulegen. Die Vereinbarung beinhaltete auch die Offenlegung von internen Unternehmensdokumenten im Zusammenhang mit der Arbeit für Pharmaunternehmen.

https://www.faz.net/aktuell/wirtschaft/unternehmen/opioid-krise-mckinsey-zahlt-230-millionen-dollar-fuer-vergleich-19204159.html, (Stand: 20.12.23)

Wenn die Analyse der Unternehmens-relevanten Daten durch die Junior-Berater erledigt wird, die das Wissen und die Erfahrung (noch) nicht haben, und die Handlungsempfehlungen dann auf Basis dieser eher uninformierten Analyse getroffen werden, ist es eigentlich verwunderlich, dass nicht mehr Projekte gegen die Wand fahren. Wahrscheinlich ist hier die Standardlösung sogar eher ein Vorteil …

Kleinere Beratungen haben hier einen anderen Stand. Wir müssen uns ständig behaupten und unsere Qualität unter Beweis stellen. Aus diesem Grunde habe ich mehrere Ausbildungen und Zertifizierungen. Und deswegen besuche ich regelmäßig Weiterbildungen und stelle sicher, dass ich mich bezüglich aller Themen auf dem Laufenden halte. Die meisten von uns haben auch zunächst in der Industrie gearbeitet und wissen aus erster Hand, wie ein Unternehmen laufen kann oder sollte. Somit bauen wir unsere Beratung auf eigener Erfahrung und stetiger unabhängiger Weiterbildung auf. Das erlaubt es mir, für jeden Kunden die für ihn passende, maßgeschneiderte Lösung zu definieren. Wenn ich ein Thema nicht selbst bearbeiten kann, suche ich mir einen Experten auf genau diesem Feld. Somit hat mein Kunde immer die neuesten Kenntnisse und Erkenntnisse für seine Aufgabenstellung zur Verfügung.

Darüber hinaus bietet eine kleine Beratung in einer Person eine umfassende Perspektive unterschiedlicher Branchen. Ihre eigene Branche kennen Sie selbst am besten. Ein Berater, der viele Branchen kennengelernt hat, bietet Ihnen die Einsichten, die sich gerade aus dieser Branchen-übergreifenden Perspektive ergeben.

Wenn man eine Strategie-Beratung durchführt, sollte man die unterschiedlichsten Themen betrachten. Für jedes dieser Themen gibt es extensive Expertise, für die ich ein Netzwerk an Experten zur Hand habe. Somit kann ich für jeden Kunden ein Team zusammenstellen, das auf dem neuesten Stand der Kenntnis agiert:

Bild 43.

Die Partner in diesem Netzwerk sind nicht nur Experten auf ihrem Gebiet, sondern auch praktizierende Interim Manager. Das bedeutet, sie wissen, was sich umsetzen lässt, und tun es dann auch.

Was wichtig ist bei der Auswahl der Beratung habe ich im Gespräch mit Axel P erläutert. Er ist Personalleiter und Prokurist eines mittelständischen Maschinenbau-Unternehmens.

SK: *Ihr Unternehmen hat in den letzten Jahren viele Veränderungen durchlaufen. Ihre Gruppe hat immer wieder neue Unternehmen hinzugekauft und Sie haben verschiedene Veränderungen in der Geschäftsführung erlebt. Was war der Erfolgsfaktor dieser Projekte?*

AP: Es ist extrem wichtig dafür zu sorgen, dass das Change-Management insgesamt gut begleitet wird, um wirklich alle Eventualitäten abzugreifen, die im normalen Leben ohne Veränderungen manchmal außer Acht gelassen werden. Es geht dabei besonders darum, die Mitarbeiter frühzeitig einzubinden, sie zu informieren und im Grundsatz dafür Sorge zu tragen, dass sowohl Kopf und Bauch erfasst werden, um im Ergebnis keine Widerstände zu erzeugen. Man muss dafür sorgen, dass das Prozedere klar verstanden ist, dass die Gründe der Veränderung gut und klar erklärt werden, so dass keine Befürchtungen, keine Ängste entstehen. Dann müssen diese Veränderungen in den Prozessen auch gut begleitet werden.

SK: *Hatten Sie bei diesen Projekten externe Unterstützung?*

AP: Es war bei diesen Projekten wichtig, eine externe Unterstützung zu bekommen, die uns insgesamt über diese Thematik sehr professionell begleitet hat. Es waren mehrere Unternehmen, wobei der Fokus am Ende des Tages dann tatsächlich auf einem Unternehmen lag, das uns insbesondere bei den HR-Prozessen mitbegleitet hat. Und mit diesem Unternehmen haben wir wirklich sehr gute Erfahrungen gemacht.

SK: *Sie hatten also verschiedene Beratungen im Einsatz. Waren die unterschiedlich groß und wenn ja, haben Sie da Unterschiede feststellen können?*

AP: Ja, in der Tat. Wir hatten einige Unternehmen, die uns beraten haben, sowohl größere Beratungshäuser als auch eine kleinere Organisation, wobei dort erhebliche Unterschiede festzustellen waren. Die größeren Häuser haben natürlich ein bekanntes Renommee, ein breites Portfolio, was vielleicht bei den kleineren Unternehmen nicht unbedingt der Fall ist. Die Großen arbeiten aber sehr stark einen sehr standardähnlichen Prozess ab, der immer wieder gleich zu sein scheint. Dabei hat man das Gefühl, dass individuelle Bedürfnisse nicht ausreichend berücksichtigt werden. Das sind die außerordentlichen Vorteile einer kleineren Unternehmung, die dann deutlich stärker individueller auf die Einzelprozesse eingehen und sich mehr Zeit nehmen kann, diese Abläufe im Detail zu besprechen und zu bearbeiten. Das hat bei uns die besseren Ergebnisse hervorgebracht.

SK: *Was erwarten Sie von den Beratungsunternehmen in der Zukunft?*

AP: Das ist eine gute Frage. Gerade in dem aktuellen Wandel der Zeit ist ja nichts mehr, wie es einmal war. Viele Dinge verändern sich sehr schnell. In dem Zusammenhang erleben wir auch Zustände, die vor zwei oder drei Jahren, vor der Corona-Zeit, als solche überhaupt nicht zu erwarten waren. Wir erleben als Maschinenbauer, dass Möglichkeiten entstanden sind, die gestern völlig undenkbar waren: Zum Beispiel werden heute Inbetriebnahmen virtuell vorgenommen. Es können bestimmte Arbeitsabläufe remote oder mit Videounterstützung begleitet werden.

Wenn ich diese Situation auf die Beratung übersetze, dann erwarte ich, dass sie zukünftig deutlich hybrider aufgestellt ist. Sowohl Aufgabenstellungen, Trainings und Veränderungsprozesse können virtuell begleitet werden. Dazu kann mit einem gewissen Anteil von Präsenzunterstützung ein gutes abgerundetes Prozedere dargestellt werden. Kurzgefasst stelle ich mir ein hybrides Modell vor, das sowohl den digitalen als auch den Präsenz-Austausch beinhaltet.

SK: *Wie würden Sie Ihre Wünsche an ein Beratungsunternehmen zusammenfassen?*

AP: Nach meinen bisherigen Erfahrungen ziehe ich eine kleinere Beratung vor, die sich an meinen Wünschen und Gegebenheiten orientiert. Eine Beratung, die flexibel und kreativ ist, und auch in der Lage, neue Technologien einzusetzen und so Zeit und Kosten zu sparen.

***

Nun haben wir über die Kompetenzen gesprochen, die Ihnen ein Berater bieten kann. Nun wollen wir uns anschauen, welche Kompetenzen Sie selbst mitbringen.

Kennen Sie diesen Witz?

Es war einmal ein Schäfer, der in einer einsamen Gegend seine Schafe hütete. Plötzlich tauchte in einer großen Staubwolke ein nagelneuer Porsche auf und hielt direkt neben ihm. Der Fahrer, ein junger Mann im Armani Anzug, Cerruti Schuhen, Ray Ban Sonnenbrille und einer Hermes Krawatte steigt aus und fragt ihn: ‚Wenn ich errate, wie viele Schafe Sie haben, bekomme ich dann eins?' Der Schäfer schaut den jungen Mann an, dann seine friedlich grasenden Schafe und sagt ruhig: ‚In Ordnung'. Der junge Mann verbindet sein Notebook mit dem Handy, geht im Internet auf eine NASA-Seite, scannt die Gegend mit Hilfe seines GPS-Satelliten-Navigationssystems, öffnet eine Datenbank und 60 Excel Tabellen mit einer Unmenge an Formeln. Schließlich druckt er einen 150-seitigen Bericht auf seinem Hi-Tech-Minidrucker, dreht sich zu dem Schäfer um und sagt:

‚Sie haben hier exakt 742 Schafe.'

Der Schäfer sagt: ‚Das ist richtig, suchen Sie sich ein Schaf aus.' Der junge Mann nimmt ein Schaf und lädt es in den Porsche. Der Schäfer schaut ihm zu und sagt: ‚Wenn ich Ihren Beruf errate, geben Sie mir dann das Schaf zurück?' Der junge Mann antwortet; ‚Klar, warum nicht.' Der Schäfer sagt; ‚Sie sind Unternehmensberater.' ‚Das ist richtig, woher wissen Sie das?' will der junge Mann wissen. ‚Ganz einfach,' erklärt der Schäfer: ‚Erstens kommen sie hierher, obwohl Sie niemand gerufen hat. Zweitens wollen Sie ein Schaf als Bezahlung dafür, dass Sie mir etwas sagen, was ich ohnehin schon weiß. Drittens haben Sie keine Ahnung von dem, was ich tue. Und jetzt geben Sie mir meinen Hund zurück!'

Bild 44.

Hier steckt viel Wahrheit drin. Es gibt einige Bereiche während einer Beratung, wo das Unternehmen selbst am meisten weiß und beitragen kann. Somit muss sich die Art der Beratung verändern.

Wenn der Kunde früher den Berater um Rat gefragt hat und sich dann entscheiden konnte, ob er dem folgte oder nicht, wird heute mehr zusammengearbeitet. Heute baut man mehr auf Ko-Kreation. Das Wissen bezüglich des Unternehmens liegt IM Unternehmen. Wie man damit umgehen kann und was man daraus lesen und lernen sollte, ist wiederum die Expertise des Beraters. Seine Aufgabe ist es, mit den Daten des Unternehmens und der eigenen Expertise und dem Wissen bezüglich Trends und Innovationen gemeinsam mit dem Unternehmer Szenarien zu entwickeln, wie dessen Zukunft aussehen könnte. Während der Projekt-Dauer werden sich die Umstände und Gegebenheiten verändern. Ein guter Berater ist in der Lage, die Implikationen abzusehen und dem Kunden zu beschreiben, inwiefern sich die Szenarien verändert haben. Dann hat der Kunde die Option, entweder das Ziel anzupassen und den angeschlagenen Weg fortzusetzen, oder den Weg anzupassen und somit das ursprünglich festgelegte Ziel zu erreichen.

Diese Flexibilität und Kreativität fallen mir als kleinem Boutique-Unternehmen leichter, weil ich nicht an ein vorgegebenes Format oder ein vorgegebenes Ergebnis gebunden bin.

Es gibt einige Beratungs-Unternehmen, die zunächst mit einer intensiven Ist-Analyse beginnen. Dabei kommt sicher immer viel Interessantes zutage. Zielführend für eine Strategie-Beratung ist es meines Erachtens eher weniger. Mein Ansatz ist, zunächst genau zu definieren, wo man hinwill, und dann erst den aktuellen Stand der Dinge zu erfassen, die hierfür relevant sind.

Unsere Zusammenarbeit zwischen Berater und Unternehmer kann man grafisch so darstellen: Wir betrachten gemeinsam die Zukunft, Gegenwart und die Vergangenheit.

Bild 45.

Bei der Definition der Zukunft geht es um Ihre Vision, Ihre Ziele, Ihre Wünsche. Mein Beitrag liegt darin, hier durch inspirierende Fragen und kreative Impulse sicherzustellen, dass die Vision alle Faktoren berücksichtigt, die uns zur Verfügung stehen. Hier betrachten wir Trends, Innovationen, wirtschaftliche und technologische Entwicklungen etc.

Nach der Definition der Zukunft überprüfen wir die relevanten Fakten. Gerade bei der Daten-Analyse kennen Sie die Fakten am besten. Meine Aufgabe ist es hier, die richtigen Fragen zu stellen, um alle relevanten Fakten auch aus der richtigen Perspektive zu betrachten.

Nun wissen wir, wo wir hinwollen und wo wir heute stehen. Nun können wir planen, wie wir vom Heute zum Morgen gelangen. Sie haben hier Ihre Mitarbeiter, die uns bei der Umsetzung helfen, und ich bringe die Erfahrung bezüglich derartiger Projekte mit. Besonders wichtig ist hierbei meine Erfahrung im Transformations-Management. Das wird sehr oft bei derartigen Projekten vergessen oder zu sparsam eingeplant. Die Mitarbeiter müssen mitgenommen werden, sonst wird die beste Strategie nicht umsetzbar sein.

Wenn wir Ihre Strategie erfolgreich auf den Weg gebracht haben, gilt es, alles gut einzubetten. Dieser Schritt wird leider sehr oft vergessen. Auch wenn man nur Teile des Unternehmens verändert – es hat alles einen Einfluss auf alles. Wenn wir hier etwas übersehen, laufen Sie Gefahr, mittelfristig wieder auf den alten Status zurückzufallen. Auch hier hilft meine Erfahrung.

PEOPLE & RESULTS

Bild 46.

Wie wählen Sie nun den für Sie am besten passenden Berater? Und wie setzen Sie ein erfolgreiches Projekt auf? Sollte Ihre Antwort noch nicht sofort ‚PEOPLE & RESULTS!' sein, hilft vielleicht die Checkliste, die Martin Stellmacher 2010 aufgestellt hat. Sie beschreibt 13 Regeln, die sowohl für den Berater als auch für den Kunden gelten. (Martin Stellmacher, ‚Gut beraten', Frankfurter Allgemeine Buch, ISBN 978-3-89981-239-8, Seite 202–205)

Fasst man diese Regeln zusammen, geht es darum, nur an Projekten zu arbeiten, bei denen eine Zusammenarbeit sinnvoll ist, sich dann dem Projekt auch vollumfänglich zu widmen, und alle möglichen Lehren daraus zu ziehen. Daran hat sich im Prinzip seit der Veröffentlichung des Buches im Jahre 2010 nichts geändert. Jedoch entwickelt sich die Art der Zusammenarbeit weiter.

Ich selbst habe für mich eine Check-Liste entwickelt, die mich dabei unterstützt, ein neues Projekt daraufhin zu überprüfen, ob es eine Chance hat, erfolgreich zu sein. Das hat mir bereits einige Male geholfen. Es ist auch eine gute Unterstützung bei den

Gesprächen zwischen Ihnen als Kunden und mir. In den seltensten Fällen sind die Kunden wirklich nicht bereit, sich an die Spielregeln zu halten. In den meisten Fällen sind ihnen lediglich die Implikationen nicht bewusst. Wenn man darüber spricht, kann man das auch entsprechend anpassen. Eine saubere und intensive Auftragsklärung ist das A und O.

Prof. Dr. Dirk Lippold hat in seiner 4ten Auflage des Buches ‚Die Unternehmensberatung – von der Strategischen Konzeption zur Praktischen Umsetzung' (De Gruyter Oldenbourg, ISBN 978-3-11-978550-0) im Jahr 2022 einiges an neuen Entwicklungen zusammengestellt.

So weist er darauf hin, dass im Rahmen des Betriebswirtschaftsstudiums mittlerweile eine Fachrichtung Unternehmensberatung besteht. Das bringt Berater hervor, die vollumfänglich auf die Beratertätigkeit vorbereitet werden – theoretisch. Die Berufs- und Lebenserfahrung muss jedoch nach wie vor aufgebaut werden.

Im Kapitel Consulting 4.0 (Seite 75–79) spricht Lippold über die Weiterentwicklung des Beratungs-Modells. Es geht um Wege zur digitalen Beratung:

- Digitalisierung der Beratungsthemen – hier geht es um die Inhalte.
- Digitalisierung der Beratungsprozesse – hier geht es um den Einsatz digitaler Prozesse durch den Berater im Projekt.
- Digitalisierung des Beraterwissens – hier geht es um die Verfügbarkeit umfassenden Wissens über digitale Medien.
- Digitalisierung der Beratungsgeschäftsmodelle – hier geht es um die Digitalisierung der Kooperation von Beratern untereinander.
- Digitalisierung der Beratungsleistungen – hier geht es um virtuelle remote Beratung.
- McKinsey Solutions – hier geht es um Software as a Service Leistungen – also quasi ChatGPT oder eine ähnliche KI/AI Künstliche Intelligenz als kompletter Ersatz des Beraters.

Ein moderner Berater wird alle zur Verfügung stehenden Mittel und Werkzeuge einsetzen, um Ihnen als seinem Kunden die bestmögliche Leistung bieten zu können. Gerade durch die Diskussion, was KI/AI kann und was nicht, wird deutlich, dass besonders im kreativen Bereich, wozu die Definition einer zukunftsfähigen Strategie gehört, der Mensch (noch) unabdingbar ist. Auch wenn die KI/AI natürlich wesentlich mehr Daten zur Verfügung hat – die Auswertung im Hinblick auf die beste Passung für den Kunden sollten Sie immer noch einem menschlichen – Berater – Gehirn überlassen.

Nun gilt es noch die Frage zu beantworten: Einzel-Person oder größere Unternehmensberatung? Auch hier bietet Prof. Lippold eine Unterstützung. Er weist in seinem Buch mehrfach darauf hin, dass bei den meisten Projekten unterschiedliche Kompetenzen benötigt werden. Bei einer größeren Unternehmensberatung gibt es, wie bereits erwähnt, natürlich immer eine Vielfalt von Fach-Experten. Diese bearbeiten immer im meist gleichbleibenden Team ähnliche Projekte. Ein Einzelkämpfer wie ich stellt sich, sollte dies notwendig sein, für jeden Kunden ein individuelles Team an Einzelkämpfern zusammen. Jeder Einzelne ist Fach-Experte und muss auf diesem Fach besonders gut informiert sowie auf dem aktuellsten Stand der Technik sein, weil es sein Kern-Geschäft ist. Da es für uns als Einzelkämpfer überlebensnotwendig ist, ein Top-Experte im eigenen Fachbereich zu sein, könnte man durchaus argumentieren, dass ein Team aus handverlesenen Einzelkämpfern mehr Expertise auf die Straße bringt als ein Team aus festangestellten (Jung-) Beratern …

Eine gute Beratung sollte Sie bezüglich der unterschiedlichsten Elemente überzeugen:

- Die Dienstleistungen, die angeboten werden, umfassen mindestens die, die Sie für Ihr Projekt benötigen. Dann haben Sie für alle Themen einen Experten.
- Ein Branchenfokus kann helfen, aber auch stören. Ein gutes Gemisch von Branchen-Insidern und Quereinsteigern bringt das beste Ergebnis. Das geht besonders gut bei einer Experten-Truppe von Einzelkämpfern.
- Die Beratungsansätze und -methoden sollten sich an Ihre Fragestellung anpassen, nicht umgekehrt. Mein Motto: so viel Methodik wie nötig und so wenig Methodik wie möglich.
- Das für Sie zusammengestellte Team sollte alle Fachkenntnisse und Expertisen umfassen. Hier werden oft Themen übersehen. Der Austausch in einem funktionierenden Netzwerk stellt sicher, dass Sie von vielen unterschiedlichen Projekten profitieren.
- Die Erfolgsgeschichten sollten Ihnen beweisen, dass hier kreativ, flexibel, professionell und innovativ vorgegangen wird. So haben Sie eine Garantie für eine zu Ihnen passende funktionierende Lösung.

Warum also ich?

Mein PEOPLE & RESULTS Unternehmensmotto lautet: Strategie- und Umsetzungsberatung mit und durch den Faktor Mensch. Für mich ist der Mensch nicht nur der Mitarbeiter, sondern auch der Lieferant, der Kunde, der Wettbewerber, die gesamte Gesellschaft. Gemeinsam zoomen wir aus ihrem Unternehmen aus, um das gesamte Bild zu sehen: die Rolle Ihres Unternehmens in der Gesellschaft und der Welt. Dabei bringe ich alle meine Erfahrungen mit ein (Ich habe in 4 Ländern gelebt, in unterschiedlichen Funktionen gewirkt und 25 Branchen von innen gesehen). Anders als große Beratungen erstelle ich Ihr Zukunftskonzept gemeinsam mit Ihnen und nur für Sie. Da wird nichts aus der Schublade gezogen und passend gemacht. Bei der Betrachtung Ihres Mitarbeiter-Stabs werden wir gemeinsam sicherstellen, dass jeder, der Ihnen lieb und teuer ist, einen Platz findet, wo er sich voll und ganz mit Begeisterung einbringen kann – inklusive Ihrer selbst.

Wir werden sicher gemeinsam eine ganze Menge Schätze heben können – eben die ungenutzten Vorteile.

Ich habe auf beiden Seiten gearbeitet und gelebt: als Angestellte im Konzern, als Geschäftsführerin, als temporär angestellter Interim Manager genauso wie als Berater und Coach. Besonders die Coaching-Ausbildung hat mir beigebracht, mich voll und ganz auf Ihr Ziel zu konzentrieren. Wenn das machbar ist und für die Welt Sinn ergibt, ist das für mich Grund genug, es gemeinsam mit Ihnen umzusetzen. Ich gehe Ihnen dann nicht mit klugen Ideen auf die Nerven, was man sonst noch alles tun könnte, oder warum eine andere Idee viel besser wäre. Sie sind der Schmied Ihres eigenen Glücks, ich bin der Begleiter.

Ich hoffe, ich konnte Sie überzeugen, dass meine Art und Weise, Ihre Strategie erfolgreich umzusetzen, alle Ihre ungenutzten Vorteile herauskitzelt. Alle ungeschliffenen Diamanten und Schätze werden gehoben.

Und was bringt Ihnen meine (hybride) Strategie-Beratung?

In meiner eigenen Praxis als Boutique-Beratung bediene ich mich neuester Technologie und habe ein neues Beratungsmodell entworfen: die hybride Unternehmensberatung. Hier wende ich an, was ich intensiv seit der Pandemie empfehle. Dort haben wir gelernt, was wir alles mit Hilfe virtueller Techniken erledigen können: Für jedes zu besprechende Thema gibt es das optimale Format für eine Besprechung. Darauf aufbauend habe ich meine Beratungsleistungen überprüft und auch hier unterschiedliche Formate eingebaut.

Alle Besprechungen, bei denen es hauptsächlich um den Abgleich von Informationen und die Verteilung von Aufgaben geht, können virtuell erfolgen. Alle Besprechungen, wo es um Kreativität, Brainstorming, Sparring geht, sollen am besten im persön-

PEOPLE & RESULTS

Ihre Hybride Strategie-Beratung

Bild 47.

lichen Gespräch erfolgen. Coaching-Gespräche werden je nach Vorliebe des Coachees gestaltet. Workshops zur Wissensvermittlung können in unterschiedlichen Formaten angeboten werden.

So stelle ich sicher, dass für Sie als Kunden die individuell passende Lösung gefunden wird, auch für die Art und Weise unserer Zusammenarbeit. Keine Standard-Lösung, die bereits bei mehreren anderen Kunden vorgestellt wurde.

Wenn man nun die Phasen der Beratung betrachtet, ergeben sich deutliche Potenziale, einige Tätigkeiten virtuell zu erledigen:
Zunächst wird in Phase 0 über die Situation gesprochen, mögliche Projekte betrachtet und der Auftrag ein-eindeutig geklärt. Wir haben einander kennen- und schätzen gelernt und vertrauen einander, dass wir gemeinsam etwas Großes auf die Beine

stellen werden. Wir werden auch gemeinsam darüber nachdenken, ob wir für bestimmte Themen zusätzliche Experten aus meinem Netzwerk hinzuziehen werden.

Dann beginnt das entsprechende Projekt:

1. Erste Phase: Hier haben wir ein Mix aus persönlichen und virtuellen Besprechungen sowie Bearbeitung durch Sie.
   a. In einem persönlichen Treffen erarbeiten wir zunächst gemeinsam Ihre Ziele auf Basis von Fragen und Impulsen, die ich Ihnen während unseres Brainstormings vorstelle.
   b. Danach analysieren wir Ihr Unternehmen im Detail. Dabei achten wir auf den Bezug zu Ihren Zielen. Das kann durchaus virtuell stattfinden, dann werden Sie durch Unterlagen und Video-Konferenzen begleitet,
   c. Hieran schließt sich eine Manöver Kritik an: Was haben Sie bereits versucht mit welchem Erfolg? Das hilft uns, keine Maßnahmen einzuplanen, die sich als nicht wirkungsvoll herausgestellt haben. Auch hier kann virtuell gearbeitet werden mit Unterlagen und Video-Konferenzen.
   d. Dann ist es Zeit, die Ihnen zur Verfügung stehenden Ressourcen genauer zu betrachten. Wir analysieren die Finanzen, Ihre Maschinen und Anlagen sowie Ihre Mitarbeiter. Welche Kompetenzen benötigen Sie, um Ihre Ziele erfolgreich umzusetzen? Dabei denken wir kreativ und um-die-Ecke, um auch verstecktes Potenzial zu entdecken. Wiederum kann dies virtuell geschehen, es stehen Ihnen bei diesem Schritt Unterlagen und Video-Konferenzen zur Verfügung.
   e. Nach diesen 4 Schritten können wir die erste grobe Projekt-Planung angehen. Auch die erarbeiten wir gemeinsam, wahrscheinlich virtuell, basierend auf Unterlagen und Video-Konferenzen.

2. In der zweiten Phase treffen wir uns persönlich, um die Umsetzung Ihrer Ziele bis ins Detail auszuarbeiten und dann auch erfolgreich zu erledigen. Wir sprechen mit allen Beteiligten und machen uns gemeinsam einen Eindruck von der vorliegenden Situation. Vielleicht müssen wir auch das ein oder andere anpassen. Das besprechen wir im Hinblick auf alle anfallenden Implikationen. Ziel ist es, am Ende eine Situation und ein Endresultat erreicht zu haben, was Sie voll und ganz begeistert, Ihre Mitarbeiter mitzieht und Ihre Partner beeindruckt. Dazu werden wir mehrere Szenarien entwickeln, die auch sinnvoll wären und uns als Inspiration dienen können, sollten sich die Umstände so verändern, dass der ursprüngliche Plan nicht mehr wie geplant umsetzbar ist.

3. Die dritte Phase gestalten wir wieder mehrheitlich virtuell: Videos, Unterlagen und Video-Konferenzen. Die meisten Veränderungen scheitern daran, dass sie nach der erfolgreichen Einführung nicht in den Gesamtzusammenhang eingebettet werden. Das möchte ich Ihnen ersparen:
   f. Wir überprüfen gemeinsam alle Prozesse, die durch die Veränderung berührt werden. Das sind meist mehr, als man denkt. Hier helfen Unterlagen sowie der Austausch per Video-Konferenz.

g. Die Prozesse und Abläufe zu überprüfen, ist schon sehr wichtig, die Schnittstellen zwischen Prozessen, Abteilungen und einzelnen Teams werden jedoch manchmal übersehen. Das machen wir wiederum auf Basis von Unterlagen und im virtuellen Austausch.
h. Bei der Ressourcen-Analyse haben wir uns genau diejenigen Kompetenzen angeschaut, die Sie für die erfolgreiche Umsetzung Ihrer Strategie benötigen. Nun stellen wir sicher, dass diejenigen Kompetenzen, die Sie dauerhaft benötigen, weiterhin verfügbar bleiben. Das bedeutet Potenziale der Mitarbeiter entdecken, aber auch Quellen neuer externer Mitarbeiter aufzutun. Um sicherzustellen, dass die Kompetenzen weiter ausgebaut werden, konzipieren wir Entwicklungspläne. Auch das unterstützen wir durch Unterlagen und Video-Konferenzen.
i. Den krönenden Abschluss macht eine sogenannte Retro-Spektive: Was ist gut gelaufen, was haben wir gelernt? Dadurch stellen wir sicher, dass Sie bei ähnlichen Projekten in der Zukunft auf Ihre neuen Einsichten und Fähigkeiten aufbauen können. Durch Unterlagen und der Video-Konferenz betten wir alles dauerhaft und nachhaltig in Ihr Unternehmen ein.

Auf diese Art und Weise wird Ihre Zeit optimiert, die jeweilige Expertise perfekt eingesetzt und eine anpassungsfähige Lösung entwickelt. Und umgesetzt. Sie finden mehr zur hybriden Strategie-Beratung auf der Seite:
www.mypeople-and-results.com

Aber selbstverständlich biete ich meine Beratung für Sie auch komplett persönlich vor Ort an.

Hier eine Übersicht meines Angebots:

Modulare Strategie - Beratung

Sie sind auf dem Weg in Ihre Zukunft. Sie benötigen auf dem Weg dahin Unterstützung bezüglich ausgewählter Elemente:
- ✓ Strategie -Definition
- ✓ Kultur-
- ✓ Organisations-Design
- ✓ Change-Management
- ✓ Executive Coaching
- ✓ Weiterbildung
- ✓ Talent-Management
- ✓ Kompetenz-Profile
- ✓ Umsetzungs-Workshops
- ✓ ...

Hybride Strategie - Beratung

Wir definieren Ihr Ziel gemeinsam, genauso wie den Weg dahin, sowie die Einbettung. Das gestalten wir in einem Mix aus persönlichen Gesprächen vor Ort und virtuellen Meetings, sowie durch Erarbeitung bestimmter Themen durch Sie selbst.

Persönliche Strategie - Beratung

Wir erarbeiten Ihre Ziele, den Weg dahin, die Umsetzung und die Einbettung gemeinsam während persönlicher Treffen vor Ort.

Bild 48.

Unsere Absprache

Nun haben wir gemeinsam Unternehmen betrachtet, Strategien beleuchtet, verschiedene Unternehmenssituationen durchlaufen (Start-ups, neue Geschäftsbereiche, Fusionen). Wir haben über den Sinn des Einsatzes von Beratern gesprochen. Wir haben über große und kleine Beratungen diskutiert. Wir haben gesehen, dass sich die Berater-Welt verändert hat. Und wir haben uns angeschaut, wie mein neues Geschäftsmodell, die hybride Beratung, in diese neue Welt reinpasst.

Na? Konnte ich Sie dadurch überzeugen, dass bei Ihnen ungenutzte Vorteile zu realisieren sind? Und dass Sie dafür am besten einen Berater hinzuziehen? Natürlich am allerbesten mich? Dann freue ich mich ddarauf, Sie persönlich kennenzulernen.

Oder hat Sie nichts von dem, was Sie gelesen haben, überzeugen können? Sind Sie nach wie vor der Meinung, keinen Berater zu benötigen, um alle Ihre Potenziale zu verwirklichen? Dann wünsche ich Ihnen viel Glück dabei und erstatte Ihnen sehr gerne den Kaufpreis dieses Buches zurück. Schreiben Sie mir einfach eine E-Mail an susanne-kremeier@people-and-results.com und ich leite die entsprechenden Schritte ein.

Ich wünsche eine erfolgreiche, erfüllende Zukunft!

Susanne Kremeier

PEOPLE & RESULTS

Greifweg 18, 40549 Düsseldorf

Tel: +49 (0) 1575 77 252 17

Email: susanne-kremeier@people-and-results.com

Web: www.people-and-results.com

Zusätzlich zu den Tabellen und Übersichten dieses Buches stelle ich Ihnen gerne weitere Dokumente und Checklisten zur Verfügung. Dieser QR-Code führt Sie zur entsprechenden Bibliothek:

Susanne Kremeier

Susanne Kremeier, eine renommierte Expertin im Bereich Unternehmensberatung, ist die treibende Kraft hinter PEOPLE & RESULTS. Mit einem fundierten Hintergrund in Betriebswirtschaftslehre von der RWTH Aachen und einer beeindruckenden Karriere, die sie durch verschiedene Schlüsselpositionen in renommierten Unternehmen führte, bringt sie eine einzigartige Perspektive und Fachkenntnisse in die Welt der Unternehmensberatung ein.

Ihre Reise begann im Vertrieb von Dow Chemical in Frankfurt, wo sie schnell als High Potential erkannt wurde und ihren Weg als Procurement Manager nach Belgien und dann als Asset Manager in die Schweiz einschlug. Ihre herausragende Fähigkeit, komplexe Situationen zu analysieren und effektive Strategien zu entwickeln, führte sie schließlich in die Rolle der globalen Market Managerin, wo sie maßgeblich zum Erfolg des Unternehmens beitrug.

Durch ihren außergewöhnlichen Beitrag wurde Susanne gebeten, ihre Methoden und Einsichten mit anderen Kollegen zu teilen, was sie schließlich in die interne

Weiterbildungsabteilung führte. Dort erweiterte sie ihren Horizont, indem sie ein Studium der Organisationspsychologie an der University of London absolvierte und die Abteilung für Organisationsentwicklung bei Dow aufbaute.

Im Jahr 2008 wagte Susanne den Schritt in die Selbständigkeit und gründete PEOPLE & RESULTS in der Schweiz. Seitdem hat sie zahlreiche Projekte geleitet und ist schließlich in ihre Heimat Deutschland zurückgekehrt, wo sie seit 2015 als Leiterin von PEOPLE & RESULTS in Düsseldorf fungiert.

Susanne zeichnet sich durch ihre Vielseitigkeit, Innovationskraft und nachweisliche Erfolgsbilanz in globalen Projekten aus. Ihr Engagement für eine nachhaltige unternehmerische Entwicklung zeigt sich auch in ihrer Unterstützung gemeinnütziger Einrichtungen und Pro-Bono-Einsätzen bei Manager ohne Grenzen.

Mit einem umfassenden Verständnis für die menschliche Dynamik und fachlicher Exzellenz liefert Susanne maßgeschneiderte Lösungen für eine erfolgreiche Unternehmensentwicklung. In diesem Buch teilt sie ihre bewährten Strategien und Einsichten, um Unternehmen dabei zu helfen, ihre Ziele zu definieren und zu erreichen.

Danksagung

Lieber Leser,

ich bedanke mich bei Ihnen für Ihr Interesse und Ihre Aufmerksamkeit. Ich freue mich darauf, bald mit Ihnen persönlich in Kontakt treten zu dürfen.

Natürlich haben verschiedene Personen einen Beitrag zu diesem Buch geleistet. Ich möchte einige davon gerne hervorheben:

Ganz maßgeblichen Einfluss hat mein Vater genommen, der leider nicht mehr unter uns weilt. Mit einer Engelsgeduld hat er uns Kinder dazu angeregt, über den Tellerrand zu schauen und uns für alles und jeden zu interessieren. Ohne ihn wäre ich nicht die Person, die ich heute bin.

Nachdem ich mich dann auf den Weg gemacht hatte, dieses Buch ins Leben zu rufen, hat mich Angela Löhr als Coach und Mentor wunderbar unterstützt. Als dann etwas vorlag, wurde ich mit Begeisterung und Professionalität durch Kathrin Kolloch, meine Verlegerin, begleitet und angeregt. Diesen beiden Damen gilt mein aufrichtiger Dank für alle Mühen und die große Geduld.

Um dem Buch mehr Relevanz und Realität zu geben, haben sich Monika Kocks, Charles Churet, Dr. Henrik Adam, Oliver Rüter sowie zwei weiteren Herren, die anonym bleiben möchten, bereit erklärt, mir ein Interview zu geben. Dafür meinen ganz herzlichen Dank.

Kurz bevor das Buch in den Druck ging, hat Kathrin Kolloch mit ihrem Vorwort dieses Buch komplettiert. Auch dafür meinen Dank.

Dazu gab es viele andere Personen, die mich entweder durch Ihre Ideen, ihre Inspirationen, oder auch durch ihre Toleranz gegenüber meinen Anspannungsphasen extrem unterstützt haben. Ich danke Euch!

Quellen-Verzeichnis

Wikipedia, ChatGPT, Google

www.gutezitate.com

'What got you here won't get you there', Marshall Goldsmith, Hachette Books, 2007, ISBN 978-1401301309

Harvard Business Review Artikel: The overlooked key to a successful scale-up, HBR January / February 2023

Start with Why: How Great Leaders Inspire Everyone to Take Action`, Simon Sinek, 2011, *Penguin Publishing Group*, ISBN 978-1591846444, *im Video erklärt https://www.youtube.com/watch?v=u4ZoJKF_VuA&t=4s&ab_channel=TEDxTalks*

*The surprising truth about what motivates us' https://www.youtube.com/watch?v=u6XAPnuFjJc&t=31s&ab_channel=*RSA (Stand: 20.11.23)

Purpose des Unternehmens von Simon Sinek
https://simonsinek.com/our-why/ (Stand: 23.01.24)

Purpose des Unternehmens Smith & Nephew
https://www.smith-nephew.com/en/about-us/who-we-are#our-values (Stand: 20.11.23)

Purpose des Unternehmens Walmart
https://corporate.walmart.com/purpose (Stand: 20.12.23)

Purpose des Unternehmens viva con agua https://www.vivaconagua.org/vision/
'Tracking Strategies: ... Towards a General Theory', Henry Mintzberg, 2008, Oxford University Press, ISBN 978-0199228508 (Stand: 02.01.24)

'Competitive Strategy: Techniques for Analyzing Industries and Competitors', Michael Porter, 2008, *The Free Press*, ISBN 978-0029253601

Downloads von Zukunftstrends:
https://www.zukunftsinstitut.de/dossier/megatrends (Stand: 07.03.24)
https://www.trendone.com/trendradar-mittelstand (Stand: 20.01.24)

'Die fünf Zukunftsbrillen', Prof. Pero Micic, Gabal Verlag, 3te Auflage 2013, ISBN 978-3869365558,

‚Pragmatics of human communication: a study of interactional patterns, pathologies, and paradoxes', Paul Watzlawick, Janet Helmich Beavin,, Don D Jackson, Norton, 1967, seitdem diverse Aktualisierungen

Erklärung der Nutzung des Business Canvas https://www.youtube.com/watch?v=HtjmDyLGFrU&ab_channel=Unternehmerkanal

‚Der Blaue Ozean als Strategie', W. Chan Kim, Renée Mauborgne, 2016, Carl Hanser Verlag GmbH & Co KG, ISBN 978-3446446762

‚Competitive Strategy: Techniques for Analyzing Industries and Competitors', Michael Porter, Free Press, 1980, seitdem diverse Aktualisierungen

'Corporate Strategy: An Analytic Approach to Business Policy for Growth and Expansion', Igor Ansoff, 1973, Penguin Books, ISBN 978-0140209327

'Do 70 Percent of All Organizational Change Initiatives Really Fail?', Mark Hughes, Journal of Change Management, 2011, 11:4, 451–464

'Leading Change', John P Kotter, Harvard Business Review Press, in Deutsch beim Vahlen Verlag, neueste Ausgabe von 2012, ISBN 978-3-8006-3789-8– oder die leichtere Version: ‚Das Pinguin Prinzip, Wie Veränderung zum Erfolg führt', Droemer Verlag, Deutsche Ausgabe von 2017, ISBN 978-3426274125

Studie des Leibniz Zentrums für Europäische Wirtschaftsforschung: wie hoch sind die Erfolgschancen von bereits gescheiterten Gründern, 2020 https://www.zew.de/das-zew/aktuelles/wer-als-gruender-in-einmal-scheitert-hat-auch-beim-naechsten-mal-schlechtere-karten (Stand: 20.11.23)

‚Billigflieger wird Marktführer – Probleme für Flugzeugbauer', Das Handelsblatt 16.5.2002

Beschreibung von Klöckner.i: www.kloeckner-i.com (Stand: 20.12.2023)

‚Accelerate: Building Strategic Agility for a Faster-Moving World', John P. Kotter, Harvard Business Press, 2014, ISBN 978-1625271747

Webseite des Team Management Systems: https://www.teammanagementsystems.com/

'Developmental sequence in small groups'. Bruce Tuckman, Psychological Bulletin, 1965, 63(6), 384–399

'The Five Dysfunctions of a Team: A Leadership Fable', Patrick Lencioni, 2002, Jossey-Bass, ISBN 978-0787960759

Definition von Fusionen www.de.wikipedia.org/wiki/Fusion_(Wirtschaft), (Stand: 22.12.2023)

Übersicht der Struktur Berkshire Hathaway https://www.berkmansolutions.com/articles/entities/berkshire-hathaway-corporate-structure (Stand: 03.01.2024)

Übersicht der Struktur der Haniel Holding
https://www.haniel.de/de/ueber-haniel/#c530 (Stand: 03.01.2024)

Artikel über die Wirtschaftsweisen https://www.sachverstaendigenrat-wirtschaft.de/start/aktuelles/navigation-in-der-krise.html?returnUrl=%2Findex.html&cHash=2c34d9db7ffef0a32dc7f0e9b79d3ab4, (Stand: 29.12.2023)

Unternehmenswebseiten der erwähnten Berater:
https://www.boozallen.com/
https://www.mckinsey.com/
https://www2.deloitte.com/de/de.html
https://www.ey.com/de_de
https://kpmg.com/de/de/home.html
https://www.pwc.de/
https://www.accenture.com/de-de
https://www.bcg.com/germany
https://www.rolandberger.com/de/
https://www.bain.com/de/
https://www.de.kearney.com/

Facts und Figures zum Beratungsmarkt 2021, Veröffentlichung des BDU www.de.statista.com/infografik/17078/themenverteilung-in-pulbikationen-fuehrender-beratungsunternehmen/ von 2019, (Stand: 29.12.2023)

‚Beraten & verkauft', Thomas Leif, Goldmann Verlag, 2006, in einer Neuauflage von 2008, ISBN 978-3-442-15485-2

‚Gut beraten', Martin Stellmacher, Frankfurter Allgemeine Buch,2010, ISBN 978-3-89981-239-8

‚Die Unternehmensberatung – von der Strategischen Konzeption zur Praktischen Umsetzung', Prof. Dr. Dirk Lippold, De Gruyter Oldenbourg, 2022, ISBN 978-3-11-978550-0

https://www.faz.net/aktuell/wirtschaft/unternehmen/opioid-krise-mckinsey-zahlt-230-millionen-dollar-fuer-vergleich-19204159.html, (Stand: 20.12.23)

Link zu meiner Webseite www.people-and-results.com

Abbildungsverzeichnis

Bild 20/Seite 61: Fotografie von Dean Kamen, fotografiert von Jared C. Benedict am 03 Mai 2002. https://commons.wikimedia.org/w/index.php?curid=818446
Bild 21/Seite 63: Adobe Stock #83825287
Bild 22/Seite 65: Vita Charles Churet
Bild 23/Seite 71: Eigene Darstellung
Bild 24/Seite 82: Gerd Altmann pixabay, OpenClipart-Vectors pixabay, eigene Darstellung
Bild 25/Seite 85: Mohamed Hassan pixabay, OpenClipart-Vectors pixabay, eigene Darstellung
Bild 26/Seite 87: Copyright Team Management System
Bild 27/Seite 88: Gordon Johnson pixabay, Jose R. Cabello pixabay, Mohamed Hassan pixabay, Clker-Free-Vector-Images pixabay, eigene Darstellung
Bild 28/Seite 88: Clker-Free-Vector Images pixabay, OpenClipart-Vectors pixabay, Elisabeth Guggenberger pixabay, eigene Darstellung
Bild 29/Seite 90: Vita Dr. Henrik Adam
Bild 30/Seite 92: Clker-Free-Vector Imagas pixabay, Ocal clker.com, eigene Darstellung
Bild 31/Seite 93: Vita Oliver Rüter
Bild 32/Seite 103: Eigene Darstellung
Bild 33/Seite 107: Eigene Darstellung
Bild 34/Seite 108: Gordon Johnson pixabay, Jose R. Cabello pixabay, Mohamed Hassan pixabay, Clker-Free-Vector-Images pixabay, eigene Darstellung
Bild 35/Seite 109: Eigene Darstellung
Bild 36/Seite 113: Wirtschaftsweisen der Bundesrepublik Deutschland https://www.sachverstaendigenrat-wirtschaft.de/start/aktuelles/navigation-in-der-krise.html?returnUrl=%2Findex.html&cHash=2c34d9db7ffef0a32dc7f0e9b79d3ab4, abgerufen 29.12.2023
Bild 37/Seite 114: Logos der Unternehmen kopiert von den entsprechenden Webseiten
Bild 38/Seite 115:: Logos der Unternehmen kopiert von den entsprechenden Webseiten
Bild 39/Seite 115: Logos der Unternehmen kopiert von den entsprechenden Webseiten
Bild 40/Seite 116: Logos der Unternehmen kopiert von den entsprechenden Webseiten
Bild 41/Seite 116: Die Trend-Themen der Berater www.de.statista.com/infografik/17078/themenverteilung-in-pulbikationen-fuehrender-beratungsunternehmen/ von 2019, abgerufen 29.12.2023
Bild 42/Seite 119: Veröffentlichung des BDU: Facts und Figures zum Beratungsmarkt 2021, Seite 5
Bild 43/Seite 121: Eigene Darstellung
Bild 44/Seite 122: OpenClipart-Vectors pixabay
Bild 45/Seite 122: Eigene Darstellung
Bild 46/Seite 123: Logo des Unternehmens ‚PEOPLE & RESULTS'
Bild 47/Seite 126:: Logo des Angebots ‚Hybride Strategie-Beratung' von ‚PEOPLE & RESULTS'
Bild 48/Seite 128: Angebot des Unternehmens ‚PEOPLE & RESULTS'